Carlene Campbell
Kok-Keong Jonathan Loo

Um protocolo MAC para redes de sensores sem fios multicanal

Carlene Campbell
Kok-Keong Jonathan Loo

Um protocolo MAC para redes de sensores sem fios multicanal

Um Protocolo MAC Eficiente para Redes de Sensores Sem Fio Multicanal

ScienciaScripts

Imprint

Cover image: www.ingimage.com

This book is a translation from the original published under ISBN 978-3-659-80739-8.

Publisher:
Sciencia Scripts
is a trademark of
Dodo Books Indian Ocean Ltd. and OmniScriptum S.R.L publishing group

120 High Road, East Finchley, London, N2 9ED, United Kingdom
Str. Armeneasca 28/1, office 1, Chisinau MD-2012, Republic of Moldova, Europe
Printed at: see last page
ISBN: 978-620-8-09863-6

Índice

Resumo

O objetivo geral deste projeto é introduzir o multicanal com um único rádio como um novo paradigma para o IEEE 802.11 DCF em redes de sensores sem fios (RSSF), que é utilizado numa vasta gama de áreas, desde aplicações militares, monitorização ambiental, cuidados médicos, edifícios inteligentes e outras indústrias, e alargar as RSSF com capacidade multimédia que detecta, por exemplo, sons ou movimento, e sensores de vídeo que captam eventos de vídeo de interesse. Inicialmente, as RSSF não necessitavam de um elevado débito e taxa de transferência de dados, uma vez que os eventos eram normalmente captados periodicamente. Com a mudança de paradigma na tecnologia, o fluxo de multimédia tornou-se mais exigente do que as aplicações de deteção de dados, pelo que é necessário um protocolo de elevado débito de dados para as RSSF, que é uma tecnologia emergente nesta área. O IEEE 802.11 pode suportar taxas de dados até 54mbps e o 802.11 DCF foi projetado especificamente para uso em redes sem fios. Este projeto centra-se na conceção de um algoritmo que aplica multicanal ao algoritmo de back-off do IEEE 802.11 DCF para reduzir o tempo de espera de um nó e aumentar o débito quando tenta aceder ao meio quando ocupado.

O objetivo principal de qualquer sistema é reduzir o tempo de espera e fazer com que os dados cheguem ao seu destino no menor tempo possível, sem que se percam ou distorçam. No entanto, num sistema baseado em contenção, os protocolos utilizam o esquema CSMA (Carrier Sense Multiple Access), em que a estação (STA) deve detetar se o meio está ocupado para determinar se é possível transmitir. O protocolo de controlo do acesso ao meio (MAC) é responsável por uma transferência de dados fiável e sem erros, com um mínimo de retransmissões, a fim de satisfazer os requisitos de desempenho da sua transmissão. A recolha de dados em RSSF tende a sofrer de um forte congestionamento, especialmente nos nós mais próximos do nó sink. Por isso, esta tese propõe um protocolo MAC baseado em contenção para resolver este problema, inspirado no algoritmo DCF backoff do 802.11.

Este trabalho apresenta uma comparação entre o IEEE 802.11 e o IEEE 802.15.4 para futuras redes de sensores sem fios multicanais e multirrádio verdes. Os dados de streaming simulados num raio de 10 m de cada nó a uma taxa de dados de 100 kbps, tanto para o 802.11 como para o 802.15.4, começam a registar um atraso elevado na transmissão de pacotes de dados após 20 nós. Não houve muita diferença no padrão de comportamento entre cada protocolo; isto mostra que, apesar de o 802.11 ter sido concebido para uma taxa de dados elevada, a simulação mostra que pode ser efectuado a uma taxa de dados mais baixa e a um curto alcance. A simulação do fluxo de dados num raio de 50 m de cada nó, com uma velocidade de transmissão de dados de 2 Mbps, tanto para o 802.11 como para o 802.15.4, revelou que o 802.11 regista um atraso reduzido na transmissão de pacotes, superior a 65%, em comparação com o 802.15.4. Este fator tornou o 802.11 viável para sistemas de sensores multimédia ou de vigilância com dados em fluxo contínuo para futuros sistemas multi-rádio multicanais.

A função coordenada distribuída multicanal (MC-DCF) sobre um único rádio em redes de sensores sem fios tira partido da atribuição de múltiplos canais. O algoritmo de backoff da função de coordenação distribuída (DCF) do IEEE 802.11 foi modificado para invocar a mudança de canal, com base em critérios de limiar, a fim de melhorar o rendimento global das redes de sensores sem fios (RSSF) em redes 802.11. O impacto dos canais não sobrepostos foi estudado na banda de frequência 2.4 em: fluxos de taxa de bits constante (CBR), densidade de nós, nós de origem que enviam dados diretamente para o sumidouro e intensidade do sinal, variando as distâncias entre os nós sensores e as frequências de funcionamento dos rádios com diferentes taxas de dados. Ao analisar o impacto das RSSF na rede 802.11, o melhoramento multicanal obteve um melhor desempenho quando se utilizou o MC-DCF. Outros testes com MC-DCF em redes 802.11a/b/g a diferentes distâncias e taxas mostraram que a rede 802.11g teve um bom desempenho com todas as taxas de dados, tendo sido obtida uma taxa de entrega de até 80%.

Por último, mas não menos importante, esta tese demonstra, através de simulações, que o esquema de atribuição dinâmica de canais utilizando multirrádio e multicanal num único nó de ligação pode ter um desempenho próximo do ótimo, em média, enquanto a atribuição de múltiplos nós de ligação também tem um bom desempenho. Os métodos propostos nesta tese podem ser uma ferramenta valiosa para os projectistas de redes no planeamento da implantação da rede e para otimizar diferentes objectivos de desempenho.

Reconhecimento

Estou grato ao criador do céu e da terra, sem a sua bênção e misericórdia sobre mim, esta tese não teria sido possível.

Devo a minha mais profunda gratidão ao meu orientador, Dr. Kok-Keong (Jonathan) Loo, não há palavras para expressar a minha gratidão pelo apoio que me deu em todos os aspectos da minha investigação. Sem o Dr. Loo, não teria conseguido atingir este objetivo. Não só me ensinou a fazer investigação independente, como a sua diligência e empenho na investigação me influenciarão grandemente no futuro. Estou grato por ter tido a oportunidade de aprender com ele e de trabalhar com ele. A sua paixão pelo trabalho e o seu empenho na excelência ultrapassam os limites do mundo académico para apoiar o bem-estar e o desenvolvimento pessoal dos alunos sob a sua tutela. Os seus conselhos, o seu encorajamento e as suas elevadas expectativas estabeleceram um padrão que me esforcei por atingir, fazendo de mim um investigador cuja chama de empenho no mundo académico se acendeu.

Gostaria de expressar o meu sincero apreço ao meu segundo supervisor, o Prof. Richard Comley, que fez com que a minha transição com o meu supervisor da Universidade de Brunel para a Universidade de Middlesex fosse um sucesso.

Estou grato ao Dr. Dhananjay Singh, que é o meu supervisor externo. Ele deu apoio contínuo à minha investigação e disponibilizou tempo para ler os meus trabalhos de investigação, a sua revisão e os seus comentários atenciosos foram realmente benéficos.

Gostaria também de agradecer ao Dr. Orhan Gemikonakli e aos outros membros do corpo académico da Escola de Engenharia e Ciências da Informação que disponibilizaram o seu tempo para dar feedback crítico, fazendo as correcções e modificações necessárias.

Estou grato ao meu colega de investigação que me apoiou e ajudou constantemente ao longo da minha investigação. Agradeço a Noor Mast, que dedicou algum tempo a ajudar-me com o NS2 e o script Perl. Agradeço a Shafiullah Khan pelos seus comentários e ideias atenciosos.

I would like to acknowledge my colleagues who constantly encouraged and believed in me that I will made the journey to the end of the tunnel; Howard Senior and Odette Spence for moral support and grammar checking, Alrick Glanville for the help and support with my mathematical formulations and algorithms, Kenneth Richardson for the numerous emails and phone calls motivations, Dr. Herma Carpenter-Bernard que me enviava sempre artigos de pessoas profissionais bem sucedidas que se esforçavam por atingir os seus objectivos, para que eu me concentrasse no objetivo a atingir, a tia Ivy (avó) que está sempre a rezar e a jejuar por mim, Bobby March pelo apoio moral e por estar sempre ao meu lado e Martin Brown que me inspirou a prosseguir sem aceitar um não como resposta, pois ele acredita que eu sou capaz e que o não não é uma opção no seu livro.

Não tenho palavras para agradecer a Heba Kurdi, cuja ajuda foi muito apreciada e sem a qual isto não seria possível. Ela também me encorajou e acreditou sempre em mim.

Estou extremamente grato aos meus pais (Cathreta e Guy Campbell), especialmente à minha mãe, Cathreta, que me liga continuamente para se certificar de que estou de boa saúde, reza sempre por mim e dá-me apoio moral. Estou feliz pela educação dos meus pais, que me ensinaram que o fracasso não é uma opção e que, quaisquer que sejam as boas acções que tenha iniciado, devo levá-las até ao fim. Agradeço a todos os membros da minha família, especialmente às minhas irmãs, irmãos, sobrinhos e sobrinhas.

À pessoa mais compreensiva da minha vida, a quem dedico esta tese, a minha única e adorável filha, Donique Rodd, que tem estado comigo desde o início; tem passado por todas as dificuldades comigo. Amo-te filha, agradeço-te muito a tua compreensão, sabes que és muito especial para mim.

Por último, apresento os meus cumprimentos a todos aqueles que me apoiaram de alguma forma durante a realização do projeto.

Carlene E-A Campbell

janeiro de 2011, Londres, Reino Unido

Dedicação

Combati o bom combate, terminei a minha carreira, guardei a fé e agora alcancei a coroa da vitória.

~2 Timóteo 4:7~

Dedicado à minha família:

Especialmente

A minha mãe, Cathreta Campbell

O meu pai, Guy Campbell e

A minha filha, Donique Rodd

TENS sido tão compreensiva... Adoro-te, filha!

Lista de abreviaturas

ACK	Acknowledgement
aCWmax	Control Window maximum
aCWmin	Control Window minimum
AKA	Also known as
AP	Access Point
ARQ	Automatic Repeat Request
BE	Backoff Exponent
BEB	Binary Exponential Backoff
BER	Bit Error Rate
BLE	Battery Life Extension
BSS	Basic Service Set
CAP	Contention Access Period
CBR	Constant Bit Rate
CCA	Clear channel assessment
CCTV	Close Circuit Television (TV)
CDMA	Code Division Multiple Access
CODA	Congestion Detection and Avoidance
CRCN	Cognitive Radio Cognitive Network
CS	Carrier Sense
CSMA	Carrier Sense Multiple Access
CSMA/CA	Carrier Sense Multiple Access with Collision Avoidance
CTS	Clear to send
CW	Control Window
DCF	Distributed Coordination Function
DIFS	DCF Inter-Frame Space
DSM	Distribution System Medium
ED	Energy Detection
ESRT	Event-to-Sink Reliability Transport
FAMA	Floor Acquisition Multiple Access

FAMA-NCS	Floor Acquisition Multiple Access non-persistent carrier sensing
FAMA-NPP	Floor Acquisition Multiple Access non-persistent packet
FAMA-NPS	Floor Acquisition Multiple Access non-persistent packet sensing
FDMA	Frequency Division Multiple Access
FIFO	First In First Out
GHz	Gigahertz
GUI	Graphics User Interface
HCF	Hybrid Coordination Function
IBSS	Independent Basic Service Set
ICD	Intelligent Congestion Detection
ICN	Implicit Congestion Notification
ID	Identification Number
IEEE	Institute of Electrical and Electronics Engineers
IFS	Interframe Space
IP	Internet Protocol
ISM	Industrial, Scientific and Medical
Kbps	Kilobits per second
LMAC	Lightweight Medium Access Protocol
LR-WPAN	Low Rate Wireless Personal Area Networks
MAC	Medium Access Control
MACA	Multiple Access Collision Avoidance
Mbps	Megabits per second
MC-DCF	Multi-channel Distributed Coordinated Function
MCMR	Multichannel multi-radio
MCSR	Multichannel Single Radio
MHz	Megahertz
MIMO	Multiple Input Multiple Output
MLME	MAC Sublayer Management Entity
MMSN	Multi-Frequency Media Access Control for Wireless Sensor Network
MPDU	MAC Protocol Data Unit
NACK	Negative Acknowledgement
NAP	National Agenda Project

NAV	Network Allocation Vector
NB	Number of Backoff
NIC	Network Interface Card
NS	Network Simulator
OSI	Open System Interconnection
PAMAS	Power Aware Multi-Access with Signaling
PAN	Personal Area Network
PCCP	Priority-based Congestion Control Protocol
PCF	Point Coordination Function
PHY	Physical layer
PMD	Physical Medium Dependent
POS	Personal Operating Space
PRA	Priority-based Rate Adjustment
QoS	Quality of Service
RBC	Reliable Bursty Convergecast
RMST	Reliable Multi-Segment Transport
RTS	Request to send
RTT	Round Trip Time
SACK	Selective Acknowledgement
SAP	Service Access Point
SIFS	Short Inter-Frame Space
STA	Station
STCP	Sensor Transmission Protocol
Std	Standard
TCL	Tool Command Language
TCP	Transmission Control Protocol
TDMA	Time Division Multiple Access
TMMAC	TDMA Multi-channel MAC
UDP	User Datagram Protocol
UK	United Kingdom
WLAN	Wireless Local Area Network
WPAN	Wireless Personal Area Network
WSNs	Wireless Sensor Networks

Lista de publicações com contribuições

Revistas:

1. **C. E-A Campbell**, K.K. Loo, D. Singh, Multi-channel Multi-radio using 802.11 based Media Access for Sink Nodes in Wireless Sensor Networks, *Sensors* 2011 (em revisão).
2. **C. E-A Campbell**, K.K. Loo, H. A. Kurdi, S. Khan, Comparison of IEEE 802.11 and IEEE 802.15.4 for Future Green Multichannel Multi-radio Wireless Sensor Networks, IJCNIS Vol. 3, No. 1, 2011, pp. 96-103.
3. **C. E-A Campbell**, K.K. Loo, O. Gemikonakli, D. Singh, Função coordenada distribuída multicanal sobre um único rádio em redes de sensores sem fios, *Sensors* 2010, pp. 964-991 (SCI-E).
4. **C. E-A Campbell**, I. A. Shah, K.K. Loo, Controlo de acesso ao meio e protocolo de transporte para redes de sensores sem fios: An overview, International Journal of Applied Research on Information Technology and Computing (IJARITAC), 2010, pp. 79-92.
5. I. Shah, S. Jan, **C. Campbell** e H. Al-Raweshidey, "Selfish Flow Games in Non-Cooperative Multi-Radio Multi-Channel Wireless Mesh Networks With Interference Constraint Topology" submetido ao International Journal on Advances in Telecommunications ISSN: 1942-2601 (em revisão).

Conferência:

1. C. Campbell, K. Loo, R. Comley, A New MAC Solution for Multi-Channel Single Radio in Wireless Sensor Networks, ISWCS 2010, pp. 907-911.

Capítulo 1

Introdução

1.1 Motivações

Os recentes avanços nas redes de acesso tornaram as comunicações de voz, dados e multimédia omnipresentes e alteraram, com ou sem conhecimento de causa, os nossos estilos de vida. No entanto, a utilização generalizada de aplicações sem fios continua a deparar-se com desafios importantes: consumo de energia, falta de espetro, aceitação pelo utilizador final e interoperabilidade. De facto, a complexidade da mobilidade e dos modelos de tráfego, juntamente com a topologia dinâmica e a imprevisibilidade da qualidade das ligações que caracterizam as redes sem fios, fazem com que cada aplicação tenha caraterísticas e requisitos diferentes, como o tipo de dados, a taxa de transmissão de dados e a fiabilidade. As redes de sensores sem fios [1-9] são uma tecnologia emergente e em rápido crescimento, cujo interesse crescente pode ser atribuído a novas aplicações possibilitadas por redes de grande escala. A procura deste meio de comunicação está a aumentar, com uma vasta gama de aplicações para sistemas de monitorização e vigilância, bem como para fins militares, de Internet e científicos. Os pacotes provenientes de todos os nós da rede convergem para os nós próximos do sumidouro, pelo que é necessário estabelecer prioridades no protocolo de controlo do acesso ao meio (MAC). Têm sido propostos vários protocolos MAC [10-12] para melhorar o desempenho da rede nas RSSF. Foi efectuado um estudo sobre os protocolos baseados em contenção das RSSF e também sobre os tradicionais, como o 802.11 DCF.

Olhando à nossa volta, é fácil constatar que as redes sem fios estão a tornar-se cada vez menos estruturadas. No entanto, as interações dinâmicas que surgem nestas redes dificultam a análise e a previsão do desempenho, inibindo o desenvolvimento de tecnologias sem fios. Assim, para fazer face a estas exigências desafiantes, é necessária uma investigação constante e aprofundada para melhorar os protocolos existentes e desenvolver novas normas e tecnologias.

A investigação apresentada nesta tese é motivada pelas seguintes questões:

1. As RSSF estão a ganhar rapidamente uma atenção crescente, tanto a nível experimental como a nível da implantação de aplicações. O preço acessível, a facilidade de implantação e a capacidade de monitorizar fenómenos impossíveis de monitorizar com outras soluções são apenas algumas das razões que tornam as RSSF uma escolha preferida. Estas redes sofrem de congestionamento grave, perda de pacotes, utilização injusta da largura de banda e entrega de dados pouco fiável ao destino. A investigação apresentada nesta tese aborda soluções para melhorar o protocolo baseado em contenção MAC, de modo a reduzir o congestionamento, a

perda de pacotes e a falta de fiabilidade na entrega de dados.

2. Devido à revolução das novas tecnologias, as redes de sensores sem fios devem ser capazes de lidar com o tráfego multimédia e a entrega de dados num prazo específico. No entanto, nem o protocolo baseado em contenção IEEE 802.11 nem a banda de frequência de 2,4 GHz oferecem a capacidade de transmissão de alta taxa de dados. Esta investigação determina a viabilidade de considerar o protocolo 802.11 como um futuro meio para as RSSF operarem a alta velocidade com dados em fluxo contínuo na banda de frequência de 2,4 GHz, que requer uma entrega atempada e eficiente.

3. Os protocolos MAC multicanal obtiveram recentemente uma atenção considerável na investigação sobre redes sem fios, porque prometem aumentar significativamente a capacidade das redes sem fios através da exploração de múltiplas bandas de frequência. O multicanal permite que as redes sem fios atribuam canais diferentes a nós diferentes na transmissão em tempo real. A norma IEEE 802.11 desempenha um papel vital nas redes baseadas na contenção e divide o espetro sem fios em bandas espectrais denominadas "canais". A investigação aborda questões relacionadas com as comunicações simultâneas, limita as interferências entre nós e permite a coexistência de várias redes sem fios em canais diferentes.

4. A investigação propõe um modelo original que aborda a escassez de espetro que limita a nossa atual capacidade de introduzir novos serviços sem fios e melhorar os existentes. Esta investigação introduz um modelo que permite que diferentes sistemas sem fios partilhem múltiplos canais e mudem de canal sem causar interferências prejudiciais excessivas a outros vizinhos. Este sistema aumentará a quantidade de comunicações que podem ter lugar numa determinada rede, o que conduzirá, sem dúvida, a uma revolução no mundo dos serviços e aplicações sem fios, resultando em redes menos dispendiosas que transmitem uma taxa de dados mais elevada do que a atualmente existente.

1.2 Finalidades e objectivos

O objetivo da investigação apresentada nesta tese é introduzir a atribuição de multicanais e de comutação de canais no protocolo MAC baseado em contenção IEEE 802.11 DCF. Os objectivos e metas da investigação são resumidos nos pontos seguintes:

1. Rever a área dos protocolos MAC para identificar paradigmas relacionados com protocolos MAC baseados em contenção.

2. Fazer uma comparação entre os protocolos MAC IEEE 802.11 e IEEE 802.15.4 para determinar a viabilidade de considerar o IEEE 802.11 como um futuro meio para redes de sensores sem

fios que operam num ambiente multicanal com uma elevada taxa de dados e com dados em fluxo contínuo, o que constituiria um desafio para o IEEE 802.15.4.

3. Utilizar o algoritmo de backoff do 802.11 DCF para atribuição de vários canais e comutação de canais quando é cumprido um critério definido para reduzir a contenção por um único meio, a colisão e o congestionamento.

4. Conceber um algoritmo eficiente e distribuído que ultrapasse a degradação severa no nó de afundamento quando se utiliza um único rádio para mudar para múltiplos canais.

5. Apresentámos experiências de simulação para investigar e analisar o desempenho do protocolo MC-DCF proposto para comunicação multicanal em redes de sensores sem fios, utilizando a plataforma NS2.

1.3 Contribuição para o conhecimento

Esta tese contribui para o conhecimento através da conceção de um protocolo baseado em contenção para RSSF multicanal com a opção de mudar de canal quando um canal está ocupado. O objetivo é reduzir os atrasos desnecessários dos nós que enviam dados para o nó de destino através de uma única interface de rádio.

Além disso, a tese apresenta uma solução round robin para ajudar a entrega das fontes ao(s) nó(s) de destino quando a interface de rádio alterna entre nós receptores no mesmo canal para recuperar pacotes de dados.

As principais contribuições são resumidas a seguir:

1. Comparação entre IEEE 802.11 e IEEE 802.15.4 para futuras redes de sensores sem fios multicanal e multirrádio verdes. Este consiste em:

    a. Pormenores do protocolo MAC IEEE 802.15.4 para facilitar a compreensão do CSMA/CA e do coordenador PAN.

    b. Pormenores do protocolo MAC IEEE 802.11 para ajudar a compreender o CSMA/CA e o DCF.

    c. Investigar e avaliar o desempenho do protocolo MAC IEEE 802.15.4 e IEEE 802.11 através de resultados de simulação realizados no NS2 para tomar uma decisão racional sobre qual o protocolo viável para futuras RSSF que operem com sistemas multimédia ou de vigilância num ambiente multicanal e multirrádio.

    d. A simulação baseia-se em dados de fluxo contínuo CBR com 100kbps e 2Mbps a 10 e 50m de distância, respetivamente.

2. Multi-channel Distributed Coordinated Function over Single Radio in Wireless Sensor Networks, que tem como objetivo a conceção de uma comunicação multi-canal baseada no 802.11 DCF sobre um único rádio para RSSFs, de forma a melhorar o seu desempenho de comunicação, nomeadamente o throughput, o atraso fim-a-fim e o atraso de acesso ao canal.

    a. Os protocolos multicanais utilizam melhor a largura de banda e, por isso, podem ter um desempenho favorável em casos de aplicações que exijam taxas de dados elevadas.
    b. As normas 802.11 fornecem até 12 canais não sobrepostos, respetivamente, nos espectros de 2,4 GHz e 5 GHz.
    c. Os nós dentro do raio de transmissão uns dos outros podem funcionar em canais diferentes não sobrepostos, de modo a evitar interferências.
    d. A interface do nó será capaz de alternar entre canais.
    e. A abordagem terá todos os nós cientes dos canais em uso, mas cada interface de nó só pode sintonizar um canal num determinado momento.
    f. Na inicialização, um atribuidor aleatório que emprega distribuição uniforme será aplicado para distribuir interfaces de nós para canais.
    g. A mudança de canal entre os nós emissores só ocorrerá depois de um limiar definido ter sido atingido durante o período de backoff.

3. Multi-rádio multicanal utilizando o acesso aos meios de comunicação baseado em 802.11 para nós de sumidouro em redes de sensores sem fios como uma extensão da função coordenada distribuída multicanal sobre um único rádio em redes de sensores sem fios para estudar o problema da conceção de um algoritmo eficiente e distribuído que ultrapasse a grave degradação no nó de sumidouro quando se utiliza um único rádio para mudar para múltiplos canais.

    a. O problema Multichannel multi-radio (MCMR) [13-14] foi modelado como um grafo não direcionado em que os vértices representam rádios, compreendendo a rede sem fios e um conjunto de arestas não direcionadas entre vértices que representam ligações entre nós.
    b. Um vetor binário define onde apenas um canal pode ser atribuído a cada ligação lógica entre as listas de elementos.
    c. O número de nós sumidouros aumenta para recolher dados dos nós receptores. Os nós receptores serão equipados com um único rádio e terão de efetuar a mudança de canal da mesma forma que em 2.

d. A interface de rádio múltipla aumenta no nó de ligação para receber dados de cada canal não sobreposto.

1.4 Metodologia de investigação

T fase inicial da minha investigação centrou-se na revisão da literatura; foram estudados artigos de investigação relevantes, livros, trabalhos de investigação que incluem actas de conferências e artigos de revistas, normas do IEEE, progressos e propostas de grupos de trabalho do IEEE e diferentes livros brancos sobre redes de sensores sem fios, redes sem fios heterogéneas, protocolos MAC, protocolos de transporte e atribuição de canais e abordagens em camadas cruzadas. Durante esta fase, foram examinadas as definições básicas, os tipos e as classificações dos protocolos MAC e de transporte e foram identificadas questões relacionadas com as redes de sensores e as suas recentes extinções, a afetação de recursos em redes Ad-Hoc e a atribuição de múltiplos canais e rádios.

L revisão da literatura foi seguida de um estudo comparativo da subcamada MAC do IEEE 802.15.4 e do IEEE 802.11 [15-17] controla o acesso ao canal de rádio utilizando um mecanismo de acesso múltiplo com prevenção de colisões (CSMA-CA). As principais diferenças dizem respeito ao comportamento em faixas horárias, ao algoritmo de backoff e ao procedimento de avaliação do canal claro (CCA) utilizado para detetar se o canal está inativo. Foram efectuados diferentes parâmetros e cenários para cada caso, utilizando diferentes métricas de desempenho: débito agregado, rácio de entrega e atraso de acesso. Não só o desempenho de cada um foi testado, como também ajudou a desenvolver uma perspetiva diferente, como, por exemplo, analisar as questões da transmissão de longo alcance, a taxa de dados e o efeito quando os mesmos canais são utilizados por ambos na mesma banda de frequência. Uma sobreposição entre eles pode ter um impacto negativo no funcionamento do IEEE 802.15.4.

I Na fase final, foi implementado o desenvolvimento de modelos de simulação de diferentes mecanismos de seleção de interfaces de rádio baseados em factores estáticos ou dinâmicos, a fim de os comparar com as soluções introduzidas nesta investigação. Para além da implementação dos protocolos propostos, foram também implementadas atribuições multirrádio multicanal no(s) nó(s) de destino para melhorar o desempenho. Os modelos propostos e os vários componentes foram projectados e testados no NS2. O NS2 [18] é um simulador de código aberto e novos modelos podem ser facilmente implementados usando C++ ou Tool Command Language (TCL). No entanto, o NS2 cria ficheiros de rastreio e capturas de ecrã NAM para visualizar o movimento dos nós nas redes sem fios. Para recolher os resultados da simulação do NS2, foram escritos vários scripts Perl para este efeito. Por outro lado, o trabalho realizado para a rede cognitiva de rádio cognitiva (CRCN) [19] GUI proporciona um ambiente fácil e interativo na utilização do NS2.

1.5 Estrutura da tese

Esta tese é composta por seis capítulos. O capítulo dois examinou vários protocolos MAC e de transporte e analisou a necessidade de um esquema MAC-Transporte de camadas cruzadas para as RSSF, a fim de ter uma perspetiva vívida das tendências futuras no domínio das RSSF e de definir o objetivo de investigação do protocolo MAC multicanal.

No terceiro capítulo, o estudo comparativo da subcamada MAC do IEEE 802.15.4 e do IEEE 802.11 controla o acesso ao canal de rádio utilizando um mecanismo CSMA-CA (Carrier Sense Multiple Access with Collision Avoidance). As diferenças destacadas moldaram a conceção do protocolo MC-DCF. No IEEE 802.15.4, cada operação só pode começar no limite dos intervalos de tempo, e só quando o contador de backoff chega a zero é que o nó detecta o canal. O contador de backoff de um nó diminui independentemente de o canal estar inativo ou ocupado e o tamanho da janela de contenção é reposto para o seu valor mínimo no início de cada tentativa de retransmissão. No IEEE 802.11, a noção de slot existe apenas no que diz respeito à contagem de backoff, os nós estão constantemente a detetar enquanto estão em backoff, incorrendo assim num consumo adicional de energia. A contagem de backoff pára sempre que o canal fica ocupado e o tamanho da janela de contenção é reposto para o seu valor mínimo no início de cada tentativa de retransmissão.

O quarto capítulo centra-se na conceção de uma nova abordagem, a função coordenada distribuída multicanal (MC-DCF), que tira partido da atribuição multicanal. O algoritmo de backoff da função de coordenação distribuída (DCF) do IEEE 802.11 foi modificado para invocar a mudança de canal, com base em critérios de limiar, a fim de melhorar o rendimento global das redes de sensores sem fios (RSSF) em redes 802.11. A tese apresentou experiências de simulação para investigar as caraterísticas da comunicação multicanal em redes de sensores sem fios utilizando a plataforma NS2. Os nós utilizam apenas um único rádio e efectuam a mudança de canal apenas quando é atingido um determinado limiar. Um único rádio só pode funcionar num canal de cada vez. Todos os nós iniciam fluxos de taxa de bits constante para os nós receptores. Este trabalho estudou o impacto dos canais não sobrepostos na banda de frequência 2.4 em: fluxos de débito constante (CBR), densidade de nós, nós de origem que enviam dados diretamente para o sumidouro e intensidade do sinal, variando as distâncias entre os nós sensores e as frequências de funcionamento dos rádios com diferentes débitos de dados. Os resultados mostraram que o melhoramento multicanal utilizando o algoritmo proposto proporciona uma melhoria significativa em termos de débito, taxa de entrega de pacotes e atraso. Esta técnica pode ser considerada para utilização futura das RSSF em redes 802.11, especialmente quando o IEEE 802.11n se tornar popular, o que pode impedir que a rede 802.15.4 funcione efetivamente na banda de frequência de 2,4 GHz.

O capítulo 5 aborda a grave degradação no nó de ligação quando se utiliza um único rádio para mudar para múltiplos canais. No entanto, devido à limitação dos canais não sobrepostos, ao atraso e ao congestionamento, é necessário melhorar os problemas no nó de ligação para que o MC-DCF funcione eficientemente com as redes futuras e seja considerado para a conceção em camadas cruzadas. A atribuição multicanal foi abordada de duas formas. Por um lado, cada nó de ligação está equipado com um único rádio e pode mudar de canal para receber pacotes de dados. Por outro lado, o nó de drenagem está equipado com várias interfaces de rádio e cada interface é atribuída a um canal distinto. A interface muda para os nós receptores no mesmo canal. No entanto, os nós transmissores para o sumidouro permanecem no mesmo canal e não podem mudar de canal durante a transmissão. O capítulo fornece as condições necessárias para verificar a viabilidade da técnica round robin nestas redes no nó de ligação, utilizando a técnica para regular a atribuição de múltiplos canais a vários rádios. Foi demonstrado, através de simulações, que o esquema de atribuição dinâmica de canais utilizando o multirrádio e o multicanal num único nó de ligação pode ter um desempenho próximo do ótimo, em média, enquanto a atribuição a vários nós de ligação também tem um bom desempenho. Os métodos propostos neste capítulo podem ser uma ferramenta valiosa para os projectistas de redes no planeamento da implantação da rede e para otimizar diferentes objectivos de desempenho.

Finalmente, esta tese é resumida no sexto capítulo e são incluídas algumas ideias para propostas futuras com base na investigação efectuada neste trabalho.

Capítulo 2

Revisão da Literatura

2.1 Introdução

A comunicação sem fios é a área de investigação mais vibrante no domínio da comunicação atualmente. Tem sido um tema de investigação desde a década de 1960, mas com a mudança de paradigma que se verificou com a transição das redes com fios para as redes sem fios, foram criados novos avanços na investigação na área das redes sem fios, que registou um crescimento maciço tanto em termos de serviços prestados como do tipo de tecnologia disponível. Estes avanços revolucionaram todas as redes sem fios e desempenharão um papel importante na futura geração de redes de sensores sem fios para multimédia, como os sistemas de videovigilância.

As redes de sensores sem fios (RSSF) [1-2,4,10] são uma tecnologia emergente que se tornou uma das áreas de crescimento mais rápido no sector das comunicações. São constituídas por nós sensores de baixo consumo de energia, alimentados por pequenas baterias substituíveis, que recolhem dados do mundo real, processam-nos e transmitem-nos por radiofrequência para o seu destino. As RSSF são geralmente nós estáticos que enviam dados a um servidor ou a um nó de dissipação para processamento.

As aplicações baseadas em RSSF têm normalmente requisitos de largura de banda reduzidos e a procura de utilização deste meio está a aumentar, com uma vasta gama de aplicações para sistemas de monitorização e vigilância, bem como para fins militares, Internet e científicos. As RSSF podem ser classificadas numa série de áreas, incluindo a segurança e a deteção militar, a domótica, a eletrónica de consumo, a agricultura e o ambiente, o controlo e a monitorização industriais.

As aplicações de segurança e de deteção militar são normalmente utilizadas para abertura magnética de portas, deteção de fumo, para localizar e identificar alvos de potenciais ataques. A domótica e a eletrónica de consumo incluem o controlo remoto universal; um tipo de dispositivo de assistente pessoal digital, teclados sem fios, brinquedos, controlo da luz e entrada remota sem chave. Os sensores de controlo e monitorização industrial podem incluir unidades de aquecimento, ventilação e ar condicionado de edifícios que podem regular a temperatura, a monitorização e o controlo de máquinas em movimento e a deteção da presença de material venenoso ou perigoso.

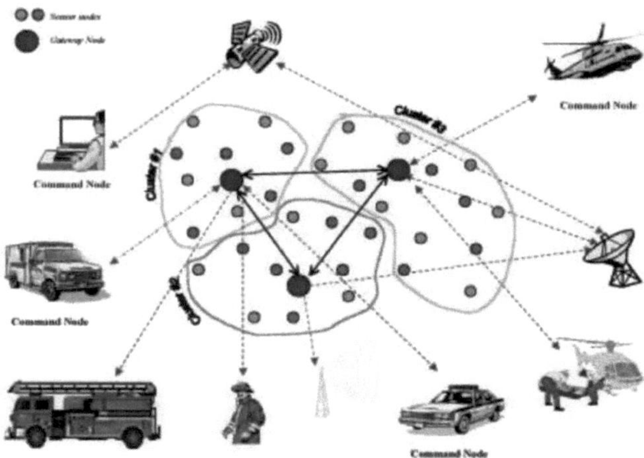

Figura 2-1: Arquitetura da rede de sensores sem fios.

Outras aplicações, como a monitorização ambiental em grandes áreas, podem exigir a substituição frequente da bateria, uma vez que os nós da rede neste tipo de RSSF têm de utilizar outros meios de energia ou obter a sua energia de outras fontes, como a captação de energia [2] (célula fotovoltaica, vibração mecânica). Com o rápido desenvolvimento e o rápido crescimento de novas tecnologias, como o fluxo de multimédia sobre o meio sem fios, surge a necessidade de melhorar ou criar novos protocolos MAC e de transporte nas RSSF. No entanto, estas redes sofrem de congestionamento grave, perda de pacotes, utilização injusta da largura de banda e entrega de dados pouco fiável ao destino. Devido à revolução das novas tecnologias, as redes de sensores sem fios devem ser capazes de lidar com o tráfego multimédia e entregar os dados num determinado prazo.

Neste capítulo, foi analisada uma panorâmica dos protocolos de controlo do acesso ao meio e da camada de transporte, bem como a necessidade de uma conceção transversal entre duas camadas, MAC e transporte, para as RSSF. Estes aspectos darão uma perspetiva vívida das tendências futuras no domínio das RSSF e moldarão o objetivo de investigação do protocolo MAC multicanal.

2.2 Descrição geral do controlo de acesso ao meio (MAC)

O protocolo MAC [1,4,10,11] é responsável por uma transferência de dados fiável e sem erros, com um mínimo de retransmissões, a fim de satisfazer requisitos de desempenho como o controlo da largura de banda, a sensibilização para a potência, a resolução de contenções, a minimização de interferências e a prevenção de colisões.

A recolha de dados nas RSSF tende a sofrer de um forte congestionamento, especialmente nos nós mais próximos do nó de descarga. Os protocolos MAC, propostos na literatura, para combater estes problemas podem ser classificados como livres de contenção ou baseados em contenção, enquanto em [10] classificou estes protocolos como protocolos programados e não programados ou aleatórios.

2.2.1 Protocolos MAC

Os protocolos MAC podem ser categorizados como livres de contenção e baseados em contenção, conforme mostrado na Figura 2-2.

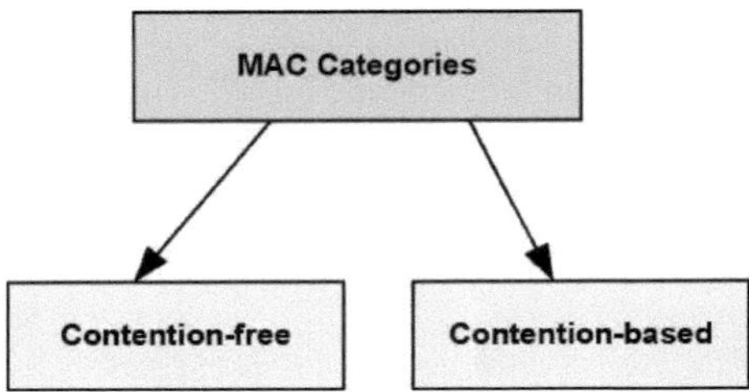

Figura 2-2: Protocolos MAC.

2.2.1.1 Sem contenção

Os protocolos livres de contenção [1,4,10,11] são mais eficientes que os protocolos baseados em contenção, pois não assumem que o tráfego da rede é intrinsecamente aleatório, mas sim que o tráfego é ordenado numa atribuição de canal limitada. Estes esquemas são geralmente baseados em TDMA, FDMA ou CDMA que utilizam a técnica de sincronização e o mecanismo de acesso ao canal da camada física, onde a estrutura da rede é espacialmente dividida em slots ou células [4]. Estes protocolos funcionam bem para tráfego multimédia e são mais aplicáveis a redes estáticas com controlo centralizado. No entanto, estes esquemas são mais complexos, requerem um controlo centralizado, utilizam múltiplos canais em simultâneo, hardware de sensor especializado e há uma dependência da camada física. Por conseguinte, a atenção centra-se principalmente nos esquemas baseados na contenção e na camada de transporte, em que as RSSF têm de lidar com o congestionamento, a equidade e a perda de pacotes.

2.2.1.2 Contencioso

A maioria dos protocolos de contenção propostos utiliza o esquema CSMA (Carrier Sense Multiple Access) [2,20], em que, para uma estação (STA) transmitir, deve detetar o meio para determinar se outra estação está a transmitir. Se o meio estiver ocupado, a STA adiará a transmissão até ao fim da transmissão em curso. Após o adiamento, ou imediatamente antes de tentar transmitir de novo, a STA seleciona um intervalo aleatório de retrocesso e diminui o contador do intervalo de retrocesso enquanto o meio estiver inativo.

O STA transmissor e o STA recetor trocam quadros de controlo curtos (quadros RTS e CTS) após determinarem que o meio está inativo e após quaisquer adiamentos ou retrocessos, antes da transmissão de dados.

O protocolo CSMA/CA foi concebido para reduzir a colisão entre várias estações que acedem ao meio. No entanto, o CSMA/CA tende a sofrer de problemas de nós ocultos e expostos.

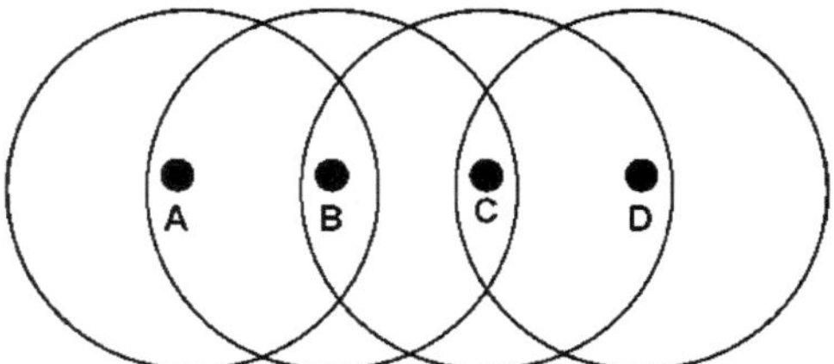

Figure 2-3: Hidden and Exposed node.

2.2.1.2.1 Nó oculto

Na Figura 2-3, os nós A e C estão ao alcance do nó B, mas não estão ao alcance um do outro. Se o nó A estiver a transmitir para o nó B e o nó C desejar transitar para o nó B, o nó C pode detetar o canal e considerá-lo inativo e transmitir, causando uma colisão no nó recetor B com a transmissão do nó A.

2.2.1.2.2 Nó exposto

Na Figura 2-3, se o nó B estiver a transmitir para o nó A e o nó C desejar transmitir para D, o nó C pode detetar o canal, considerá-lo ocupado pelo nó B e abster-se de transmitir, embora uma transmissão do nó C para o nó D não cause interferências no nó A.

Para combater os problemas encontrados pelo CSMA, foram desenvolvidos vários protocolos para melhorar as deficiências do CSMA, tais como

- Prevenção de colisões por acesso múltiplo (MACA)
- Acesso múltiplo de aquisição de piso (FAMA)
- Multiacesso com sinalização e consciência de potência (PAMAS)
- 802.11 Função de coordenação distribuída (DCF)

Os protocolos MACA [10-11] são uma melhoria do CSMA/CA que elimina algumas das ineficiências. Não utiliza a deteção da portadora, mas sim o controlo Request-To- Send/Clear-To-Send (RTS/CTS) para evitar colisões. A ideia principal do MACA é que qualquer nó vizinho que ouça um pacote RTS tem de se abster de enviar durante algum tempo. Os pacotes RTS/CTS são muito mais curtos do que os pacotes de dados e, como tal, as colisões são muito mais baratas e os nós que ouvem estas mensagens podem determinar quanto tempo devem atrasar antes de tentar transmitir. O MACA melhorou em relação ao CSMA/CA pelo facto de os pacotes RTS/CTS serem muito mais curtos do que os pacotes de dados. No entanto, o problema dos nós ocultos não está completamente resolvido, pelo que podem ocorrer colisões quando diferentes nós enviam pacotes RTS e CTS. Além disso, quando um nó recebe um RTS que se destina a outro nó, mas não recebe o CTS para iniciar a troca de dados, isto pode levar a ineficiências do nó exposto. O MACA também não fornece qualquer confirmação da transmissão de dados e, se uma transmissão falhar, a retransmissão tem de ser iniciada pela camada de transporte.

O FAMA [11-12] é um esquema baseado no MACA que permite que cada estação transmissora tenha o controlo do meio antes de enviar os pacotes de dados. Exige que a prevenção de colisões seja efectuada no emissor e no recetor. A FAMA utiliza a deteção de pacotes não persistentes (NPP) ou a deteção de portadora não persistente (NCS) RTS com resposta com CTS que desempenha o papel de um sinal de ocupado e contém o endereço do nó emissor. Os pacotes repetem-se durante tempo suficiente para que os nós ocultos possam ouvi-los e abster-se de os enviar. O objetivo do FAMA-NCS é que uma estação que tenha dados para enviar adquira o controlo do canal na vizinhança do recetor antes de enviar qualquer pacote de dados e garantir que nenhum dado colida com qualquer outro pacote no recetor. O meio (o piso) é adquirido utilizando a deteção de portadora não persistente com a troca RTS-CTS. O comprimento do CTS no FAMA-NCS é maior do que o comprimento agregado de um RTS mais um tempo máximo de ida e volta através do canal, o transmissor recebe o tempo de retorno e qualquer tempo de processamento. O comprimento do RTS é maior do que o atraso máximo de propagação do canal mais o tempo de ida e volta de transmissão para receção e qualquer tempo de processamento. Isto é necessário para evitar que uma estação ouça um RTS completo antes de outra ter começado a recebê-lo. A dominância do CTS sobre o RTS é dada com base no seu tamanho. Uma vez que uma estação tenha iniciado a transmissão de um CTS, qualquer outra estação ao seu alcance que transmita um RTS simultaneamente ouvirá pelo menos uma parte do CTS dominante, que actua como um sinal de interferência e recua, permitindo assim que o pacote de dados que se seguirá chegue sem colisão.

A FAMA-NPS não utiliza a deteção de portadora; para que um pacote com deteção funcione com um terminal oculto, o CTS deve ser transmitido várias vezes. O FAMA-NPS assume que é utilizado numa rede totalmente ligada e que o CTS é transmitido apenas uma vez. O aspeto fundamental desta variante dos protocolos FAMA que é importante é o facto de as estações não detectarem o canal antes das transmissões. Uma estação adia a sua transmissão apenas depois de ter recebido e compreendido um RTS ou CTS completo. O FAMA-NPS não impõe quaisquer tempos de espera após os períodos de transmissão, o RTS e o CTS especificam quanto tempo as estações devem adiar. Após o adiamento, há um período de espera aleatório antes do início da transmissão. O tempo de espera aleatório impõe um período de inatividade após uma transmissão bem sucedida e um período mal sucedido é também seguido de um período de inatividade, porque qualquer tentativa de transmissão durante (ou adjacente

a) o período mal sucedido seria incluída como parte do período mal sucedido. Por conseguinte, o período ocupado da FAMA-NPS está limitado a um único período de transmissão bem sucedida ou a um período de transmissão falhada. No entanto, o problema dos nós expostos continua a existir com esta técnica.

O PAMAS [11,21] foi desenvolvido principalmente para a conservação de energia, os nós escutam o canal de sinalização para determinar quando devem desligar os seus transceptores. Tal como o MACA, o PAMAS utiliza pacotes RTS/CTS e pacotes de dados que são enviados através de canais diferentes, utilizando dois transceptores para evitar colisões e poupar energia.

Os dispositivos PAMAS desligam-se em duas condições: o dispositivo não tem dados para transmitir e um dispositivo vizinho começa a transmitir para outro dispositivo, ou quando o nó emissor tem dois vizinhos envolvidos na comunicação. O primeiro caso poupa energia, uma vez que o dispositivo não pode receber uma mensagem de dados sem corrupção, pelo que o nó pode desligar os transceptores. A segunda condição poupa energia, uma vez que o dispositivo não pode transmitir ou receber sem que ocorra uma colisão no seu próprio nó ou no seu vizinho recetor. Para determinar o tempo de espera, cada mensagem de dados inclui a duração da transmissão, pelo que um dispositivo que ouça o início da mensagem pode calcular o tempo de espera.

O PAMAS também utiliza um sinal de tom de ocupado no canal de sinalização RTS/CTS, de modo a que os nós que não tenham ouvido o RTS e o CTS saibam que o canal de dados está ocupado.

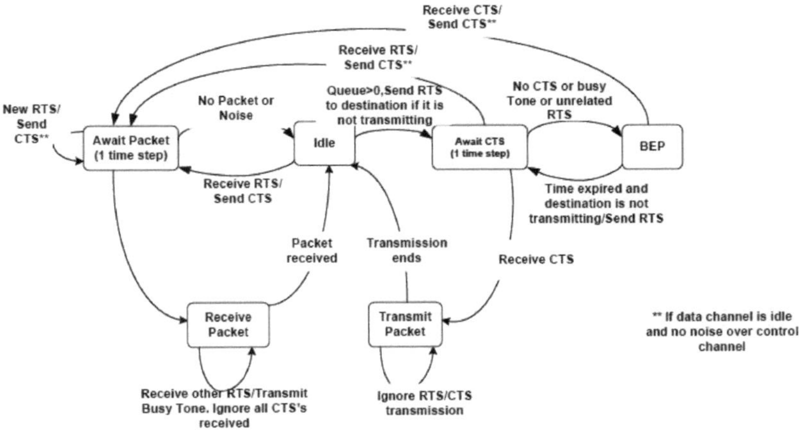

Figura 2-4: O protocolo PAMAS.

O diagrama de estados que descreve o comportamento do protocolo PAMAS é ilustrado na Figura 2-4. Um nó pode estar em qualquer um dos seis estados descritos na figura:

- Inativo

- AguardarCTS,
- BEB (Binary Exponential Backoff),
- Aguardar pacote
- ReceberPacote
- Transmitir pacote.

Quando um nó não está a transmitir ou a receber um pacote, ou não tem nenhum pacote para transmitir, ou tem pacotes para transmitir mas não pode transmitir, porque um vizinho está a receber uma transmissão, está no estado Inativo. Quando recebe um pacote para transmitir, transmite um RTS e entra no estado AwaitCTS. Se o CTS aguardado não chegar, o nó entra em backoff exponencial binário. Se o CTS chegar, ele começa a transmitir o pacote e entra no estado Transmit Packet. O recetor pretendido, após a transmissão do CTS, entra no estado Aguardar Pacote. Se o pacote não começar a chegar dentro de um tempo de ida e volta (mais o tempo de processamento), ele retorna ao estado Inativo. Se o pacote começar a chegar, transmite um tom de ocupado através do canal de sinalização e entra no estado Receive Packet.

Quando um nó no estado inativo recebe um RTS, responde com CTS, se nenhum vizinho estiver no estado de Transmissão de Pacotes ou no estado de EsperaCTS. É fácil para um nó determinar se algum vizinho está no estado de Transmissão de Pacotes, através da deteção do canal de dados. No entanto, nem sempre é possível para um nó saber se um vizinho está no estado AwaitCTS, porque a transmissão do RTS por esse vizinho pode ter colidido com outra transmissão no canal de controlo. Se um nó que está no estado de inatividade e tem um pacote para transmitir, transmite um RTS e entra no estado AwaitCTS. Se, no entanto, um vizinho estiver a receber um pacote, esse vizinho responde com um tom de ocupado (duas vezes mais longo que um RTS/CTS) que colidirá com a receção do CTS. Isto forçará o nó a entrar no estado BEB e a não transmitir um pacote. Se nenhum vizinho transmitir um tom de ocupado e o CTS chegar corretamente, a transmissão começa e o nó entra no estado de Transmissão de Pacote. Qualquer nó que tenha transmitido um RTS mas não tenha recebido uma mensagem CTS, entrará no estado BEB e espera para retransmitir um RTS. Se, no entanto, algum outro vizinho transmitir um RTS para este nó, ele sai do estado BEB, transmite CTS, se nenhum vizinho estiver a transmitir um pacote ou estiver no estado AwaitCTS e entra no estado Await Packet (aguarda a chegada de um pacote). Quando o pacote começa a chegar, entra no estado Receive Packet. Se não ouvir o pacote no tempo esperado (tempo de ida e volta para o transmissor mais um pequeno atraso de processamento no recetor), volta ao estado Inativo.

Quando um nó começa a receber um pacote, entra no estado Receive Packet e transmite imediatamente um tom de ocupado (cujo comprimento é superior ao dobro do comprimento do CTS). Se o nó ouvir uma transmissão RTS (dirigida a outro nó) ou ruído no canal de controlo em qualquer momento durante o período em que está a receber um pacote, transmite um tom de ocupado. Isto garante que o vizinho que transmite o RTS não receberá o CTS esperado. Assim, a transmissão do vizinho que teria interferido com o nó que está a receber um pacote é bloqueada.

Este esquema seria vantajoso para grandes fluxos de dados, como os dados multimédia, mas para dados de pequena dimensão, a utilização de dois transceptores não seria eficiente em termos energéticos.

O IEEE 802.11 DCF [10,20] baseia-se no CSMA com prevenção de colisões (CSMA/CA) e é utilizado principalmente em redes locais sem fios. Trata-se de uma combinação dos esquemas CSMA e MACA. Este protocolo utiliza a sequência RTS-CTS-DATA-ACK para a transmissão de dados. Este esquema utiliza um mecanismo de deteção de portadora virtual conhecido como vetor de atribuição de rede (NAV) que prevê o tráfego futuro no meio com base na informação de duração anunciada na estrutura RTS/CTS. Os quadros RTS/CTS contêm um campo de duração que define o período de tempo que o meio deve ser reservado para transmitir os dados efectivos do quadro ACK que regressa. Cada dispositivo mantém o NAV, que indica a atividade do canal se tiver um valor diferente de zero. Cada dispositivo actualiza o NAV com base no comprimento presente na mensagem de controlo que recebe. Cada dispositivo também diminui periodicamente o seu NAV, pelo que a transmissão atual termina quando o NAV atinge zero. A utilização do NAV permite a um dispositivo verificar rapidamente a possível atividade do canal sem ter de ativar o transcetor do dispositivo. O DCF também utiliza um procedimento de back-off que define um temporizador de back-off para um momento aleatório, todas as ranhuras de back-off ocorrem após um período de espaço interquadros DCF (DIFS) durante o qual se determina que o meio está inativo durante o período DIFS. Todos os STA que utilizam DCF são autorizados a transmitir se o seu mecanismo de deteção de portadora (CS) determinar que o meio está inativo e que o seu tempo de backoff expirou. Quando um nó recebe com êxito uma mensagem de dados, envia um espaço curto entre quadros (SIFS). O SIF é o tempo que decorre entre o fim do último símbolo do quadro anterior e o início do primeiro símbolo do preâmbulo do quadro subsequente, tal como é visto na interface sem fios.

A Figura 2-5 ilustra o procedimento de backoff DIFS utilizado para invocar uma estação para transferir quando encontra o meio ocupado pelo mecanismo CS, bem como para invocar quando uma STA transmissora infere uma transmissão falhada.

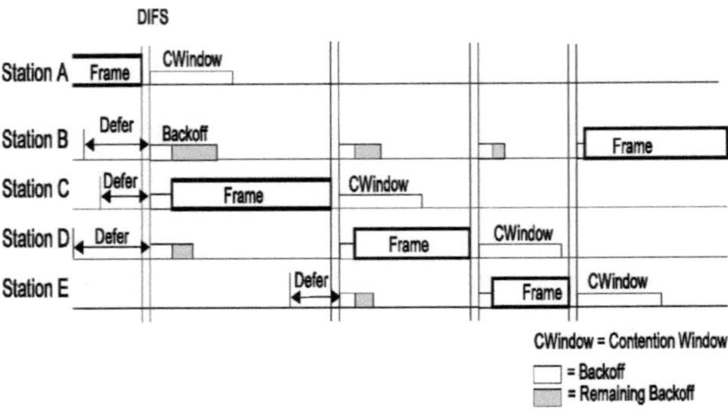

Figura 2-5: Procedimento de back-off.

Este esquema funcionará bem em RSSF que tenham um curto alcance de transmissão. A colisão ainda pode ocorrer com base no alcance de transmissão do nó de destino para o qual o pacote é enviado.

Os protocolos baseados em contenção discutidos neste documento demonstram a sua melhoria em relação ao esquema CSMA que detecta o meio antes de transmitir, para determinar se o meio está livre. Cada um deles tenta resolver problemas com base no nó escondido ou exposto e economizar energia, como no caso do PAMAS.

A melhoria da técnica MACA está relacionada com os pacotes RTS/CTS, que são substancialmente mais curtos do que os pacotes de dados, mas os RTS/CTS permitem que os nós próximos reduzam as colisões no recetor, mas não no emissor. Podem também ocorrer colisões entre diferentes RTS e, embora cada nó emissor aguarde um intervalo de tempo escolhido aleatoriamente para tentar enviar de novo, se continuarem a ocorrer colisões constantes, o sistema degradar-se-á enormemente e aumentará as despesas gerais. Com a técnica MACA, que supera parcialmente o problema do nó oculto, é de notar que, se houver uma falha na transmissão, não é enviado um ACK, pelo que o remetente não terá qualquer ideia de que o pacote não foi transmitido com êxito, a menos que seja informado pela camada de transporte. A técnica MACA pode não funcionar eficazmente nas RSSF com base nas deficiências assinaladas; pode ainda ocorrer colisão, falta de ACK e exige que o nó detecte constantemente o meio.

O FAMA, uma melhoria do MACA, foi concebido para resolver o problema do nó oculto, em que o remetente utiliza a deteção de portadora não persistente para transmitir um RTS. Este dura muito mais tempo do que um RTS para forçar todos os nós ocultos a ouvir ou sentir que o meio está ocupado. Esta técnica funciona bem na resolução do problema dos nós ocultos, mas os nós expostos continuam a existir, apesar de o RTS durar mais do que o atraso máximo de propagação e o CTS durar mais do que o tempo necessário para transmitir um RTS. Com o RTS a utilizar o tempo máximo de atraso de propagação e o RTS a demorar mais tempo no meio, os nós que pretendem transmitir podem ter um longo tempo de espera, causando a queda de pacotes com base em problemas de time-out, o que é uma desvantagem desta técnica, bem como a colisão de nós devido ao facto de a maioria dos recursos utilizados utilizar o CSMA, em que os nós esperam um tempo aleatório antes de transmitir.

O principal objetivo do PAMAS era poupar energia fazendo com que todos os RTS e CTS fossem transmitidos num canal separado do pacote de dados. De facto, o PAMAS utiliza uma mistura de MACA com a ideia de separar o canal de sinal. Numa rede de deteção, a transmissão de pacotes será ouvida por todos os nós ao seu alcance e, assim, todos os nós que ouvirem a transmissão consumirão energia, independentemente de não estarem a transmitir. No entanto, o PAMAS implementa um controlo em que os nós são desligados se não estiverem a transmitir ou se lhes for pedido que transmitam. Ao utilizar mais do que um transcetor, pelo contrário, consome-se energia, mesmo que o tempo de resposta seja mínimo. Este aspeto não foi considerado no esquema PAMAS, uma vez que a utilização de dois transceptores não é eficiente em termos energéticos para pequenos pacotes; no entanto, este esquema seria vantajoso para dados multimédia.

O 802.11 DCF foi concebido principalmente para redes sem fios. Este esquema é conhecido por funcionar bem em RSSF que dispõem de um mecanismo de poupança de energia utilizado para sincronizar os nós. No entanto, utiliza um mecanismo de retrocesso aleatório que não pode fornecer limites superiores determinísticos para o atraso no acesso ao canal e, como tal, não pode suportar o tráfego em tempo real. A estratégia de contenção e recuo é injusta para os nós já existentes que estão a recuar devido a colisões, especialmente em condições de tráfego intenso.

2.3 Visão geral da camada de transporte

A camada de transporte é utilizada para atenuar o congestionamento, reduzir a perda de pacotes, proporcionar equidade na atribuição de largura de banda e garantir uma entrega fiável de extremo a extremo. O TCP e o UDP são dois protocolos de transporte tradicionais utilizados para o transporte na Internet e não podem ser implementados diretamente nas RSSF. O TCP, um protocolo orientado para a ligação, parte do princípio de que todas as perdas de pacotes se devem ao congestionamento da rede e que tanto o congestionamento como a fiabilidade estão associados à receção de um aviso de receção (ACK), ao passo que nas redes sem fios as perdas de pacotes se devem principalmente a uma elevada taxa de erro de bits.

O UDP não proporciona uma entrega fiável, nem um mecanismo de controlo do fluxo e do congestionamento.

Os protocolos de transporte das RSSF devem ser concebidos para suportar e lidar com múltiplas aplicações, fiabilidade variável, recuperação da perda de pacotes e controlo do congestionamento, devido ao facto de as RSSF não só facilitarem a existência de pequenas redes de sensores com recursos limitados de processamento e computação, como também representarem uma mudança de paradigma no suporte do tráfego e das aplicações multimédia. Diversos estudos propuseram várias técnicas que permitem controlar o congestionamento e assegurar um transporte fiável.

2.3.1 Protocolos de transporte

Foram propostos vários protocolos que se baseiam num ou mais dos seguintes mecanismos de protocolos de transporte [22]:

- Controlo do congestionamento
- Transporte fiável
- Conservação da energia

2.3.1.1 Mecanismo de controlo de congestionamento

A deteção precisa e eficiente do congestionamento desempenha um papel importante no controlo do congestionamento das redes de sensores. Foram concebidos vários protocolos propostos de deteção de congestionamento, tais como

- Deteção e prevenção de congestionamentos (CODA)
- FUSÃO
- Protocolo de controlo de congestionamento baseado em prioridades (PCCP)

Congestion Detection and Avoidance (CODA) [23] é um protocolo de congestionamento que se baseia no comprimento da fila de espera nos nós intermédios e no estado do canal com base na amostragem do canal e na monitorização da ocupação atual do buffer. Os autores propõem o esquema de controlo de congestionamento eficiente em termos energéticos CODA que inclui três mecanismos:

- Deteção de congestionamento - esta técnica utiliza uma combinação das condições actuais e passadas de carregamento do canal e da ocupação atual do buffer para inferir uma deteção precisa em cada recetor com baixo custo. O CODA utiliza um esquema de amostragem que ativa a monitorização do canal local no momento adequado para minimizar os custos e formar uma estimativa precisa. Os nós informam os seus vizinhos a montante através de um mecanismo de contrapressão quando é detectado um congestionamento.
- Backpressure em circuito aberto, hop-by-hop - esta técnica emite mensagens de backpressure enquanto detecta congestionamento. Os sinais de contrapressão são propagados a montante em direção à fonte. Quando há um evento de impulso de dados em redes densas, a contrapressão propaga-se diretamente para a fonte. Quando um nó a montante recebe uma mensagem de contrapressão, decide se deve ou não continuar a enviar a mensagem a montante, com base nas suas próprias condições de rede locais.

- Regulação em circuito fechado de várias fontes - esta técnica funciona numa escala de tempo mais lenta e é capaz de impor o controlo do congestionamento a várias fontes a partir de um único sumidouro em caso de congestionamento persistente. Quando a taxa de eventos da fonte é inferior a uma fração do débito máximo teórico, a fonte regula-a. Quando a taxa excede o débito máximo, é acionado um controlo de congestionamento. Nesta altura, a fonte necessita de um feedback constante e lento do sumidouro para manter a sua taxa. Se houver uma falha da fonte na receção da confirmação da manutenção das taxas, cada nó é forçado a manter as suas próprias taxas.

Ao conceber o esquema CODA, foram definidas duas métricas para analisar o desempenho do sistema:

- Taxa média de energia - esta métrica calcula o rácio entre o número total de pacotes descartados e o número total de pacotes recebidos no nó de ligação.

- Penalidade de fidelidade média - esta métrica mede a diferença entre o número médio de pacotes de dados recebidos no sumidouro utilizando o CODA e outro esquema.

Embora o CODA forneça controlo de congestionamento e conserve energia neste aspeto, não oferece fiabilidade em cenários com fontes esparsas e elevado débito de dados.

O FUSION [24] é semelhante ao CODA e sofre das mesmas deficiências. Este protocolo utiliza uma combinação de três técnicas para controlar o congestionamento:

- Controlo do fluxo hop-by-hop - os nós sinalizam o congestionamento local uns aos outros através de contrapressão, reduzindo as taxas de perda de pacotes e evitando a transmissão desnecessária de pacotes que se destinam apenas a ser eliminados a jusante.

- Limitação do débito da fonte - este mecanismo atenua a grave injustiça em relação às fontes que têm de atravessar um maior número de saltos. O controlo do débito utilizado é semelhante ao mecanismo de token bucket. Este mecanismo assume que a taxa de dados de cada nó sensor é a mesma.

- Camada MAC prioritária - dá a um nó em atraso prioridade sobre os nós que não estão em atraso no acesso ao meio partilhado, evitando assim quedas de memória intermédia.

Embora este esquema utilize uma combinação de três técnicas para controlar o congestionamento, é necessário avaliar a comparação do desempenho e conceber um algoritmo de limitação da taxa para lidar corretamente com as falhas dos nós.

O PCCP [25] utiliza o tempo de inter-chegada dos pacotes e o serviço dos pacotes para medir o congestionamento. O nível de congestionamento é captado no nó ou na ligação através de um parâmetro designado por grau de congestionamento, que é o rácio do serviço sobre o tempo de inter-chegada. Utiliza a equidade ponderada para permitir que os nós recebam um débito dependente da prioridade. O PCCP resulta numa baixa ocupação da memória intermédia e, consequentemente, pode evitar ou reduzir a perda de pacotes e, por conseguinte, melhorar a eficiência energética, bem como alcançar uma elevada utilização da ligação e um baixo atraso dos pacotes. O PCCP é composto por três componentes principais:

- Deteção inteligente de congestionamento (Intelligent congestion detection - ICD), que detecta o congestionamento com base no tempo de chegada dos pacotes e no tempo de serviço dos pacotes. A participação conjunta dos tempos de chegada e de serviço reflecte os níveis de congestionamento actuais que fornecem informações relevantes sobre o congestionamento.

- Notificação implícita de congestionamento (ICN): permite que a informação sobre congestionamento seja incluída no cabeçalho dos pacotes de dados. Tirando partido da natureza de difusão do canal sem fios, os nós filhos podem captar essa informação quando os pacotes são reencaminhados pelos seus nós pais para o sumidouro.

- Ajuste de taxa baseado em prioridades (PRA): este ajuste de taxa é implementado em cada nó sensor para garantir a equidade e o rendimento, sendo atribuído a cada nó sensor um índice de prioridade.

O PCCP também utiliza a notificação implícita de congestionamento para evitar a transmissão de mensagens de controlo adicionais e, assim, ajudar a melhorar a eficiência energética. Este esquema sofre do mesmo inconveniente que o CODA e o Fusion.

2.3.1.2 Mecanismo de transporte fiável

O Reliable Multi-Segment Transport (RMST) [26] e o Reliable Bursty Convergecast (RBC) [27] são protocolos de transporte fiáveis que proporcionam fiabilidade através de uma recuperação de perdas salto a salto.

O RMST foi concebido para funcionar em conjunto com a difusão dirigida. Na difusão, um sumidouro subscreve um interesse que designa um determinado tipo e fonte de dados. A designação dos dados é efectuada através de pares atributo-valor. Utiliza um filtro que pode ser ligado a qualquer nó de difusão, conforme necessário, sem recompilação do núcleo de difusão ou do filtro de gradiente. A Figura 2-6 demonstra a relação do RMST com um nó de difusão básico.

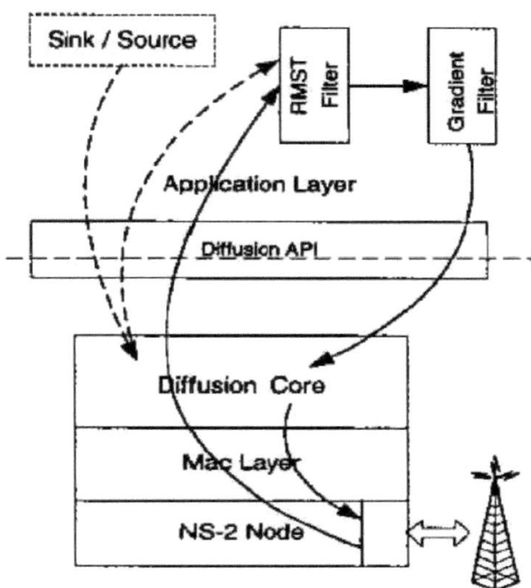

Figura 2-6: Relação do RMST com um nó de difusão básico.

O RMST permite a segmentação e a remontagem de pacotes de dados e também garante a entrega de todos os pacotes de cada fonte para o sumidouro. Os receptores são responsáveis por detetar se um fragmento precisa ou não de ser reenviado. No modo de não armazenamento em cache, apenas os sumidouros monitorizam a integridade de uma entidade RMST em termos de fragmentos recebidos e, no modo de armazenamento em cache, um nó RMST recolhe fragmentos capazes de iniciar a recuperação de fragmentos em falta para o nó seguinte ao longo do caminho em direção à fonte. A fiabilidade de todos os pacotes é inerentemente um desperdício num ambiente de transmissão de dados de muitos para um e não explora a redundância do tráfego. Por conseguinte, o mecanismo RMST não é adequado para as RSSF.

O RBC concebe um esquema de reconhecimento de blocos sem janela que garante o encaminhamento contínuo de pacotes, independentemente da falta de fiabilidade da ligação subjacente, bem como da consequente perda de pacotes e de ack. Foi demonstrado que aumenta a utilização do canal e reduz a probabilidade de perda de reconhecimento de um pacote recebido. Para melhorar a retransmissão em caso de contenção do canal, foi introduzido um controlo de contenção diferente, que classifica os nós de acordo com as suas condições de enfileiramento, bem como com o número de vezes que os pacotes em fila de espera foram transmitidos. Além disso, foi concebido um controlo de retransmissão baseado em temporizadores para retificar o seguinte:

- Alteração contínua do atraso ACK através da utilização de um temporizador de retransmissão adaptável que se ajusta à medida que o estado da rede se altera.

- Reduzir o atraso na retransmissão baseada no temporizador e acelerar a retransmissão de pacotes perdidos. Neste contexto, o RBC utiliza o block-NACK, a reposição do temporizador de retransmissão e a proteção da utilização do canal.

No RBC, um recetor muda para o modo de transmissão imediatamente após receber um pacote e envia a confirmação sem passar pelo procedimento de controlo de acesso ao canal. Também tira partido do facto de cada nó, exceto a estação de base, reencaminhar o pacote que recebe e o pacote reencaminhado poder funcionar como ACK para o remetente do salto anterior. Por conseguinte, o RBC resolveu os problemas do mecanismo de recuperação salto a salto. O esquema parece ser eficaz para o tráfego de rajada que consiste em dados simples de sensores, mas exigiria mais largura de banda para o tráfego multimédia que pode ter rajadas de tráfego mais intensas e é propenso a tremores.

2.3.1.3 Mecanismo de congestionamento/confiabilidade/eficiência energética

O Sensor Transmission Control Protocol (STCP) [28] e o Event to Sink Reliability Transport (ESRT) [29] são protocolos de transporte que tentam resolver mais do que um dos mecanismos de protocolo de transporte.

O STCP implementa o controlo do congestionamento e a fiabilidade num único protocolo, oferecendo diferentes políticas de controlo para garantir os requisitos das aplicações e melhorar a eficiência energética. Antes de o STCP transmitir os pacotes, o nó do sensor estabelece uma associação com a estação de base através de um pacote de iniciação de sessão. O pacote de iniciação de sessão informa a estação de base do número de fluxos provenientes do nó, do tipo de fluxo de dados, da taxa de transmissão e da fiabilidade requerida. Para um fluxo contínuo, a estação de base calcula a média de funcionamento da fiabilidade; a fiabilidade é medida como uma fração de pacotes recebidos com êxito. Se houver vários nós a transmitir, é enviado um único pacote de iniciação com cada detalhe de pacote. O STCP utiliza o mecanismo ACK/NACK. Os nós sensores só retransmitem os pacotes quando recebem um NACK. Os pacotes transmitidos são armazenados numa memória intermédia, mas é mantido um temporizador para evitar que a memória intermédia transborde; quando o limiar é atingido, a memória intermédia é limpa. No caso de fluxos orientados por eventos, a estação de base não pode estimar os tempos de chegada dos dados, pelo que os ACK são utilizados pela fonte para saber se um pacote chegou à estação de base. O nó de origem armazena em buffer cada pacote transmitido até que um ACK seja recebido, então o pacote correspondente é excluído do buffer.

O STCP só envia NACK quando a fiabilidade desce abaixo do nível exigido, mesmo que a estação de base não receba um pacote dentro do intervalo de tempo previsto.

O ESRT é uma nova solução de transporte que procura obter uma deteção fiável de eventos com um gasto mínimo de energia e uma resolução de congestionamentos. Para alcançar a precisão desejada na deteção de eventos com um gasto mínimo de energia, o ESRT utiliza um mecanismo de controlo que serve o duplo objetivo de deteção fiável e conservação de energia. Para alcançar também a fiabilidade, a taxa de frequência de comunicação é aumentada de forma agressiva para atingir a fiabilidade necessária o mais rapidamente possível. Só o sumidouro, e não os nós sensores, pode determinar a fiabilidade e agir em conformidade. Os autores consideram que as transmissões de extremo a extremo e as despesas gerais ACK/NACK são um desperdício de recursos limitados dos sensores, pelo que o mecanismo de deteção de congestionamento se baseia na monitorização local do nível da memória intermédia nos nós sensores. O ESRT também aborda a deteção de eventos múltiplos e utiliza um campo de ID do evento para determinar se existe um único evento ou eventos múltiplos. Isto é feito verificando o ID do evento quando os pacotes de dados são recebidos no sumidouro; se os IDs do evento forem os mesmos, assume-se que se trata de um evento único, caso contrário trata-se de um evento múltiplo.

O ESRT pressupõe implicitamente que os identificadores de eventos podem ser obtidos ou distribuídos através da utilização de quaisquer mecanismos existentes de recolha de informações de rede de alto nível, como o método existente de agregação de dados na rede ou o encaminhamento com reconhecimento da localização para agregação de dados ou a utilização do método de identificação de eventos baseado em clusters. Uma metodologia simples de atribuição de ID de evento concebível é a estratégia de atribuição de ID de evento dinamicamente aleatória que é iniciada no momento em que o evento é detectado pela primeira vez. Nesse caso, o nó sensor que é o primeiro a detetar o evento escolhe um ID de evento aleatório com um comprimento de 16 bits. Uma vez que detecta primeiro o evento, gera o pacote de dados que transmite a informação do evento e captura o canal de comunicação sem fios, envia o seu pacote de dados com o ID de evento selecionado aleatoriamente. Qualquer nó vizinho que ouça a difusão local utiliza o ID do evento para carimbar os cabeçalhos dos seus pacotes. A ID do evento selecionada aleatoriamente é propagada dinamicamente dentro da área de cobertura do evento.

Note-se que esta distribuição dinâmica do ID do evento termina no limite da área de cobertura do evento. Assim, os nós sensores de encaminhamento não precisam de efetuar qualquer modificação no campo Event ID dos pacotes de dados que estão a ser encaminhados. Por outro lado, quando o evento é detectado pela primeira vez por um nó sensor que atribui aleatoriamente um ID de evento e transmite os seus pacotes com ele, os outros nós sensores podem também detetar o evento e tentar atribuir um ID ao mesmo evento. No entanto, uma vez que o meio não está inativo devido à difusão local do nó sensor que foi o primeiro a detetar o evento, adiam a sua difusão ao nível do MAC. Assim, os outros nós sensores ouvem esta primeira difusão e utilizam este ID no campo Event ID dos seus cabeçalhos de pacotes. Por conseguinte, também é altamente improvável gerar dois IDs de evento diferentes para o mesmo evento. Consequentemente, esta estratégia dinâmica de atribuição aleatória de ID de evento não conduz a um problema de conflito de ID e pode ser utilizada para este objetivo.

No entanto, deve notar-se que o funcionamento do ESRT para cenários de ocorrência de múltiplos eventos não depende de uma estratégia específica de atribuição de ID de evento, pelo que outras abordagens possíveis para a atribuição distribuída de ID podem ser facilmente incorporadas no funcionamento do protocolo ESRT.

O tratamento de grandes pacotes não foi abordado e, como tal, não garante a escalabilidade da rede. Também não foram abordadas a segmentação de dados e a remontagem exacta. Não suporta a entrega de extremo-a-extremo e o nó de ligação controla o congestionamento.

Protocolos	**Mecanismo**		
	Controlo do congestionamento	**Fiável**	**Conservação da energia**
CODA	Sim	Não	Sim
Fusão	Sim	Não	Não
PCCP	Sim	Não	Não
RMST	Não	Sim	Não
RBC	Não	Sim	Não
ESRT	Sim	Sim	*Sim (mínimo)*
STCP	Sim	Sim	Não

Quadro 2-1: Resumo do mecanismo dos protocolos de transporte.

Neste capítulo, são discutidos três mecanismos (controlo de congestionamento, fiabilidade e eficiência energética) que são utilizados para obter um transporte eficiente e eficaz de pacotes no meio das RSSF. O congestionamento é o principal problema, pois não só desperdiça energia devido ao elevado número de retransmissões e de pacotes abandonados, como também tem um impacto direto na fiabilidade e na eficiência energética. O congestionamento é um problema muito realista nas RSSF, uma vez que os nós utilizam o canal de rádio para transmitir os seus dados para o nó de ligação, que não é um meio guiado e, como tal, sofre enormemente com o ruído, as interferências e outras forças externas.

O CODA, que tenta resolver o problema do congestionamento, permite que um sumidouro regule várias fontes associadas a um único evento apenas em caso de congestionamento persistente. A contrapressão em circuito aberto não consegue lidar com o congestionamento persistente e deixa cair os pacotes de dados quando os recebe. Além disso, a interferência do congestionamento no CODA baseia-se no comprimento das filas de espera nos nós intermédios.

O CODA apenas regula a fonte relacionada com um evento de dados que contribuiu para o congestionamento ou impedido por hotspots entre as fontes e o sumidouro. Não utiliza uma única mensagem de controlo de alta potência, mas sim uma sinalização hop-by-hop entre o sumidouro e as fontes. Além disso, o custo do controlo do fluxo em circuito fechado é normalmente elevado em comparação com o controlo em circuito simples, devido à sinalização de retorno necessária.

O CODA parece promissor para as futuras RSSF, uma vez que pode ser integrado para suportar esquemas de disseminação de dados e pode responder a uma série de diferentes cenários de controlo de congestionamento. No entanto, o CODA precisa de ser testado em RSSF de grande escala para determinar o seu futuro.

O mecanismo utilizado pelo Fusion é semelhante ao CODA. Utiliza o controlo do fluxo salto a salto para evitar que os nós transmitam se os seus pacotes estiverem destinados a ser descartados devido a espaço insuficiente nas filas de saída dos nós a jusante. Os nós só são autorizados a enviar quando a sua contagem de tokens é superior a zero e a abordagem de limites de taxas só permite que os nós enviem à mesma taxa de cada um dos seus descendentes.

Na fusão, é difícil prever adequadamente a capacidade de ligação variada da implantação em grande escala, uma vez que a natureza da sua técnica torna o nó de trânsito particularmente propenso a perdas de memória intermédia e a carga de trabalho de eventos correlacionados necessita de controlo de congestionamento para lidar com a súbita explosão de tráfego gerada por eventos espacialmente correlacionados.

Para o futuro, a Fusion necessitaria de um algoritmo de limitação de taxa mais robusto que possa lidar com falhas nos nós e um esquema alternativo de controlo de congestionamento para lidar com tráfego intenso.

A funcionalidade e os inconvenientes do PCCP são semelhantes aos do CODA e do Fusion. Todos eles utilizam a notificação implícita para reduzir o congestionamento, o ajustamento da taxa para aplicar a equidade do canal e o controlo do fluxo a montante, salto a salto. No entanto, o PCCP utilizou um índice de prioridade em que os nós com índice de prioridade mais elevado obtêm mais largura de banda e os nós com tráfego suficiente obtêm mais largura de banda do que os que geram menos tráfego. Esta técnica mostra que o PCCP proporciona uma boa equidade no meio, embora o índice diminua quando o tráfego aumenta.

O RMST foi implementado para um transporte fiável, utilizando um filtro sem recompilação do núcleo de difusão ou do gradiente. O filtro armazena os pacotes no nó intermédio, de modo a que a perda de um pacote seja retransmitida muito mais rapidamente. No entanto, há uma sobrecarga de utilização do espaço limitado do buffer num determinado nó sensor para armazenar em cache os pacotes destinados a outros nós. Isto pode causar um tráfego NACK excessivo devido à descarga constante da memória intermédia ou ao abandono de pacotes. Este problema pode ser abordado em trabalhos futuros, se o RMST for considerado para aplicações multimédia.

A técnica RBC, à semelhança da RMST, foi concebida para garantir a fiabilidade da camada de transporte. O RBC lida bem com a retransmissão e o mecanismo concebido para atenuar os atrasos provocados pela retransmissão, bem como para reduzir a probabilidade de perda de ACK. Também aborda os desafios da convergência de rajadas na transmissão baseada em temporizadores. O RBC concebe um esquema de ACK em bloco sem janela, em que os pacotes são continuamente reencaminhados independentemente da ligação subjacente e os pacotes não reconhecidos são armazenados numa fila virtual, para que o pacote recém-chegado possa ser enviado imediatamente. No entanto, o facto de os pacotes serem reencaminhados independentemente da ligação não torna o sistema eficiente em termos energéticos e os pacotes não reconhecidos são armazenados por ordem FIFO (first in first out), pelo que não é dada preferência aos pacotes prioritários.

O STCP e o ESRT foram ambos implementados para resolver o congestionamento e a fiabilidade na camada de transporte. O ESRT tem em conta a eficiência energética na sua conceção. A maioria das funcionalidades destas duas técnicas é implementada na estação de base e, como tal, antes de os pacotes poderem ser transmitidos, os nós têm de estabelecer uma associação com a estação de base.

Com a estação de base a desempenhar todas as funções críticas, os nós têm de confiar na estação de base para os informar de quaisquer anomalias, como o congestionamento, antes de cada nó emissor se poder abster de enviar pacotes. Esta não é uma solução óptima, uma vez que o congestionamento numa RSSF tende a estar mais próximo da estação de base e, como tal, não há garantia de que os nós mais afastados, especialmente quando o congestionamento é intenso, possam receber a mensagem enviada pela estação de base sobre o congestionamento.

2.4 Conceção de camadas cruzadas

A abordagem tradicional por camadas foi concebida para redes com fios, o modelo Open System Interconnection (OSI) [30], em que todas as camadas não precisam de comunicar entre si, dado que a arquitetura é construída sobre a camada inferior. Também não houve problemas graves com a partilha do meio, dado que cada camada oferece serviços à respectiva camada superior e fornece uma interface abstrata para o seu serviço.

Nos ambientes sem fios, os utilizadores comunicam através de meios de transmissão escassos e variáveis, que são propensos a interferências, fraca intensidade de sinal e outras condições de canal. Perante estes desafios, os protocolos já não podem ser desenvolvidos isoladamente, o que levou à invenção de uma abordagem em várias camadas. A ideia da conceção em camadas cruzadas é que as camadas (por exemplo, MAC e Transporte), como mostra a Figura 2-7, podem trocar informações entre si de forma inteligente durante a comunicação para melhorar o desempenho do sistema.

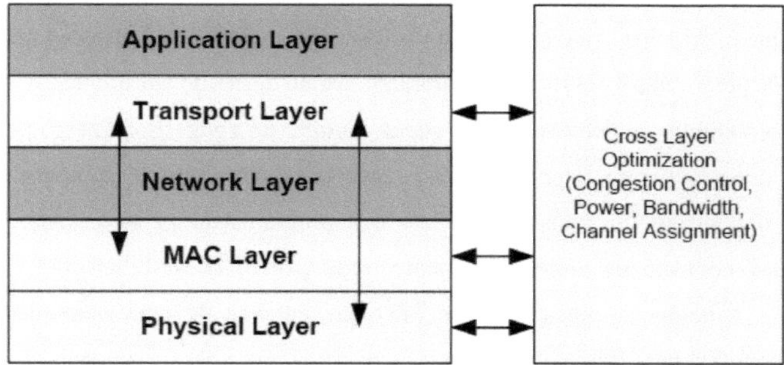

Figura 2-7: Otimização entre camadas do MAC e do transporte.

Em [31], discutiu-se a informação útil entre camadas e diferenciou-se o estado do canal no que se refere à intensidade do sinal, ao nível de interferência e à estimativa da resposta do canal no domínio do tempo e da frequência. A abordagem de camadas para a conceção de redes não se enquadra nas redes sem fios, tal como referido em [32], em que foi feita uma análise aprofundada das abordagens de camadas cruzadas para a rede adhoc sem fios. No entanto, devem ser tidas em consideração várias questões relacionadas com a conceção em camadas numa rede sem fios que utiliza o meio IEEE 802.11, que se baseia em meios partilhados e na contenção dos nós. Estas questões incluem o(s) fluxo(s) de tráfego que terá(ão) impacto na largura de banda disponível de todos os nós vizinhos, os nós transmitem e recebem dados num único canal; a entrega de um único fluxo de tráfego implica e a contenção de recursos de canal no(s) nó(s). Em consequência, diferentes nós (ou seja, a fonte, o destino, os nós intermédios e os nós vizinhos ao longo do percurso de extremo a extremo) podem consumir quantidades diferentes de recursos de largura de banda para a transmissão de um fluxo de tráfego específico.

No IEEE 802.11, a largura de banda disponível não pode ser estimada diretamente a partir do débito global alcançado, devido às seguintes razões

- O débito máximo não é uma constante para uma dada taxa de dados, é afetado pelo comprimento médio dos pacotes e pelo número de nós contendores activos.

- Os débitos de dados das ligações também não são os mesmos devido aos suportes de débito múltiplo.

Por conseguinte, as interações entre camadas são uma técnica que permite aumentar o desempenho através de uma adaptação eficaz ao ambiente dinâmico.

Foram estudadas várias abordagens entre duas ou mais camadas para encontrar uma comunicação comum entre as camadas e obter efetivamente uma solução viável. Em [33-36] utilizaram a abordagem por camadas para resolver o problema de controlo entre camadas, utilizando uma região de taxa viável que é semelhante à da rede com fios com um conjunto de restrições mais simples. Em contextos de rede gerais, não é possível encontrar uma região de débito tão simples; a região de débito também reduz o conjunto de débitos viáveis que o controlo do congestionamento pode utilizar. Os investigadores desenvolveram também várias concepções em camadas cruzadas para otimizar conjuntamente o controlo do congestionamento e a programação [37-43]. Diferentes camadas, transporte para o controlo de congestionamento, rede para o encaminhamento e MAC para o escalonamento e a potência, mostraram em [43] que, através de uma quantidade limitada de informação transmitida para trás e para a frente, é possível obter um desempenho ótimo através de uma solução entre camadas. A conceção em camadas cruzadas visa associar a funcionalidade das camadas de rede, com o objetivo de aumentar o desempenho de todo o sistema, tendo mostrado que a tendência é mais evidente na interface entre as camadas física e MAC, como foi estudado em [44]. Podem ser obtidos mais estudos sobre a conceção em várias camadas em [45-49].

Muitos estudos de investigação centram-se no efeito da camada de ligação no mecanismo de congestionamento do TCP. Uma solução para atenuar o problema do mecanismo de congestionamento do TCP, que não consegue distinguir entre congestionamento e perda de pacotes devido a outras razões, foi proposta em [50], onde foi concebido para "suavizar" o canal através de uma codificação adequada e de um pedido automático de repetição (ARQ) da camada de ligação numa escala de tempo mais rápida do que a do controlo TCP. Uma referência adicional relativa ao atraso da ligação sem fios é considerada como um canal constante, mas pode ser obtida uma capacidade inferior em [51].

Em [52], considera-se uma rede sem fios estacionária e multi-hop que utiliza a função coordenada distribuída (DCF) IEEE 802.11. Um único canal sem fios é partilhado entre todos os nós da rede. Apenas os receptores dentro do alcance de transmissão do remetente podem receber os pacotes. No IEEE 802.11 DCF, cada transmissão de pacote é precedida de um aperto de mão de controlo de mensagens RTS/CTS. Ao ouvir o aperto de mão, os nós na vizinhança do emissor ou do recetor adiam as suas transmissões e cedem o canal para as transmissões DATA-ACK subsequentes. Como utilizam uma rede estacionária, não consideram a perda de pacotes devido a quebras no encaminhamento. Assumem que a contenção multi-hop, ou seja, devido ao problema do terminal escondido/exposto, é a principal fonte de perdas de pacotes. Note-se que os pacotes também podem ser perdidos devido a erros de canal fora da banda. Nas redes IEEE 802.11, o mecanismo de retransmissão esconde a maior parte dos ruídos de canal não correlacionados para o tráfego não difundido.

Existem muitos tipos de TCP estudados, como o New Reno [53] e o SACK [54], que diferem na forma como reagem à perda de pacotes. As implementações diferem pela manipulação do tamanho da janela do TCP, calculando o débito, definindo o limiar e verificando as perdas de pacotes.

Tendo examinado a conceção de camadas cruzadas em redes WSN, é possível ter consciência de que, nas redes sem fios, cada camada não está isolada uma da outra, mas que a comunicação entre elas deve ser tida em consideração ao conceber ou melhorar um protocolo em qualquer uma das camadas. A intenção do investigador nesta tese é conceber um novo protocolo MAC para o controlo de congestionamento utilizando a atribuição multicanal. Como mencionado anteriormente, o MAC baseado em contenção mais popular é o CSMA/CA, do qual derivaram várias técnicas melhoradas, como o 802.11 DCF. A camada de transporte, que fornece o serviço de comunicação extremo-a-extremo, utiliza principalmente o protocolo de datagrama do utilizador (UDP) e o protocolo de controlo da transmissão (TCP), nos quais se baseiam as técnicas melhoradas abrangidas para suportar um fluxo e um congestionamento fiáveis, bem como a recuperação de erros.

Os desafios a superar no que se refere às RSSF são os seguintes:

- Os nós sensores estão mais limitados em termos de recursos computacionais, energéticos e de armazenamento devido ao facto de a sua energia ser limitada, sendo normalmente constituída por baterias que são difíceis de substituir quando consumidas.
- Interferências entre as transmissões, uma vez que numa rede de sensores estão implantados mais nós, até centenas ou milhares de nós, do que noutras redes sem fios.
- Informações redundantes, uma vez que, na maioria dos casos, os nós vizinhos detectam frequentemente os mesmos acontecimentos no seu ambiente, enviando assim os mesmos dados para a estação de base.
- A topologia muda devido à falha de um nó, apesar de a maioria dos nós sensores ser normalmente estacionária.

A camada de transporte que utiliza o TCP para a transmissão sem fios criará desafios adicionais, uma vez que o TCP parte do princípio de que as perdas de pacotes se devem ao congestionamento. Nas redes sem fios, há uma série de problemas que podem causar perdas de pacotes, tais como

- Taxa de erro de bits (BER), que é normalmente elevada com base nas alterações no ambiente.
- Limitação da largura de banda
- Round Trip Time (RTT), o rendimento global e o aumento do atraso serão afectados devido a uma maior latência no meio sem fios.

2.5 Atribuições Multicanal Multi-rádio

Os múltiplos canais não sobrepostos presentes na banda de frequência livre ISM IEEE 802.11 foram explorados através do seu mapeamento para múltiplos rádios, a fim de aumentar a capacidade global e a conetividade da espinha dorsal da rede em malha sem fios. Uma abordagem centralizada, baseada em grafos, foi proposta em [55], [56] e [57], em que as ligações e os nós são considerados como arestas e vértices de um grafo, respetivamente, e a atribuição de rádio/canal é formulada atribuindo arestas a vértices. A limitação destes métodos reside no facto de ser muito difícil captar informações sobre a carga da rede com um modelo de grafo. As abordagens centralizadas baseadas no fluxo de rede podem ser encontradas em [58],[59] e [60], onde a atribuição de rádios e canais múltiplos (MRMC) é modelada com base nos fluxos de rede, ultrapassando assim as limitações associadas às abordagens baseadas em grafos. Estas abordagens não são realistas, uma vez que se pressupõem fontes de tráfego constantes a todo o momento, enquanto o tráfego da rede pode ser de natureza intermitente. Uma abordagem multicanal multi-rádio centrada em gateways distribuídas foi desenvolvida por [13] e [14], em que as gateways em malha são consideradas como sumidouro e fonte de dados.

Embora o MRMC aumente enormemente o débito, a conetividade, a robustez e a resiliência da rede, requer recursos adicionais, por exemplo, energia, porque a adição de rádios adicionais consome mais energia. Tendo em conta estas limitações, a aplicação direta das técnicas MRMC às RSSF necessita de mais investigação para otimização. Nenhum dos trabalhos de investigação realizados nesta área teve em conta a limitação de potência, uma vez que os nós das RSSF têm um fornecimento limitado de energia. A utilização de múltiplos canais com um único rádio também pode ser um estudo futuro interessante em que a limitação de potência seja tida em conta. Além disso, o efeito da atribuição de canais na camada de transporte foi ignorado pelos investigadores. Uma vez que a condição do canal na camada MAC tem um efeito considerável no mecanismo de congestionamento do TCP, é necessário investigar mais aprofundadamente com uma otimização entre camadas.

2.6 Conclusão e futuro do transporte MAC

Este capítulo apresentou uma visão geral dos protocolos MAC baseados em contenção, dos protocolos da camada de transporte, da conceção em camadas cruzadas e da atribuição de múltiplos canais e rádios. Foram analisados vários protocolos existentes, cada um tentando resolver um ou mais problemas enfrentados pelas camadas actuais: nós ocultos e expostos, congestionamento, utilização equitativa ou transporte fiável dentro do meio, ao mesmo tempo que se conserva a energia. Os protocolos MAC mencionados neste capítulo abordam principalmente o problema dos nós ocultos ou expostos no esquema CSMA, mas não ambos simultaneamente, com exceção do PAMAS, cujo objetivo principal era poupar energia. O 802.11 DCF, que foi desenvolvido principalmente para o esquema de redes sem fios, funcionará bem para um curto alcance de transmissão, o procedimento de back-off utilizado não funciona bem em ambientes ruidosos, pelo que a necessidade de uma transmissão de maior alcance tem de ser explorada nas RSSF, bem como a consideração do efeito dos erros de canal.

Os protocolos de transporte para as RSSF implementaram uma série de técnicas para a eficiência energética, a fiabilidade e o congestionamento. No entanto, estas técnicas consideraram principalmente uma solução única ou múltipla, mas não uma solução completa para todo o problema existente, exceto o ERST e o STCP, que tentam resolver tanto o problema do congestionamento como o da fiabilidade. O ERST também resolveu, em menor grau, o problema do consumo de energia. De um modo geral, tanto o MAC como o transporte funcionam isoladamente na resolução dos problemas enfrentados por ambas as camadas e, como tal, a conceção de camadas cruzadas foi discutida como um meio de otimizar ambas as camadas para que funcionem como uma entidade para combater os problemas e obter RSSF energeticamente eficientes.

Para trabalhos futuros nesta área, recomenda-se a implementação em redes de sensores reais para realizar todo o potencial e integridade da maioria das técnicas estudadas num ambiente de sensores reais. Recomenda-se uma conceção de camadas cruzadas para otimizar e conferir tanto o MAC como o transporte, a fim de maximizar a eficiência, permitir que ambas as camadas comuniquem simultaneamente, reduzir a sobrecarga de pacotes, proporcionar uma transmissão fiável e suportar o tráfego multimédia. Para que as comunicações entre camadas ocorram de forma eficaz, a necessidade de conceber um protocolo MAC ou de transporte para utilizar eficazmente a transmissão de um único meio para o protocolo baseado em contenção é o próximo passo para alcançar essa eficiência.

O objetivo desta tese é conceber um protocolo MAC de atribuição de múltiplos canais para redes de sensores sem fios baseadas em contenção, a fim de utilizar eficientemente o meio, tendo os nós a opção de mudar de canal durante o congestionamento. Este trabalho ajudará trabalhos futuros a resolver a maior parte das principais limitações das RSSF através do MAC e do protocolo de transporte com a utilização da atribuição multicanal. A atribuição de múltiplos canais criará uma sobrecarga adicional em termos de atrasos de comutação, sincronização entre os nós, pacotes de controlo adicionais e, consequentemente, mais energia. No entanto, a investigação está a considerar as RSSF para o fluxo de dados de alta velocidade e não as RSSF tradicionais que enviam periodicamente dados para o seu nó de ligação. O investigador explorará múltiplos canais não sobrepostos com um mínimo de sobrecarga para aumentar a capacidade e reduzir o consumo de energia.

Capítulo 3

Comparação entre IEEE 802.11 e IEEE 802.15.4 para futuras redes de sensores sem fios multicanais e multirrádio verdes

3.1 Visão geral

Os protocolos MAC multicanal obtiveram recentemente uma atenção considerável na investigação de redes sem fios porque prometem aumentar significativamente a capacidade das redes sem fios através da exploração de várias bandas de frequência. Este capítulo compara as redes IEEE 802.11 e IEEE 802.15.4 e investiga o desempenho de ambas usando simulações realizadas no NS2. Esta investigação permite-nos determinar a viabilidade de considerar o IEEE 802.11 como um meio futuro para redes de sensores sem fios que operam num ambiente multicanal com uma elevada taxa de dados e com dados em fluxo contínuo, o que constituiria um desafio para o IEEE 802.15.4. Mais ainda, o IEEE 802.15.4 enfrentará um grande desafio para operar na banda de frequência de 2,4 GHz quando o IEEE 802.11n se tornar popular, operando na mesma banda de frequência.

A demonstração através de simulações mostrou que o IEEE 802.11 tem um melhor desempenho com uma taxa de dados elevada, com uma taxa de bits constante e a um alcance mais longo, em comparação com o 802.15.4, que funciona melhor com um tamanho de dados pequeno e a um alcance muito mais curto. Os resultados deste capítulo serão valiosos para trabalhos futuros na conceção de um protocolo MAC multicanal para WSN 802.11 baseada em contenção.

3.2 Introdução

As tecnologias sem fios continuam a ser um interesse popular na área das comunicações e estão a substituir cada vez mais a tecnologia com fios numa série de áreas, como as aplicações de monitorização e controlo. Tornaram-se também parte integrante da Internet. As normas IEEE 802.11[15] e IEEE 802.15.4 [16] desempenham um papel vital nas redes baseadas em contenção e dividem o espetro sem fios em diferentes bandas espectrais denominadas "canais". Isto permite comunicações simultâneas e limita as interferências entre nós. Permitindo também a coexistência de várias redes sem fios em canais diferentes, a divisão de frequências aumenta a capacidade das redes sem fios em modo de infraestrutura, funcionando em canais diferentes.

A norma IEEE 802.11 está preocupada com caraterísticas como a velocidade de correspondência da Ethernet, o longo alcance (100 m), a complexidade para lidar com o roaming contínuo, o reencaminhamento de mensagens e o débito de dados de 2-54 Mbps, enquanto a norma IEEE 802.15.4 se refere a um espaço em torno de uma pessoa ou objeto que se estende normalmente até 10 m em todas as direcções. O grupo de trabalho IEEE 802.15 foi formado para criar a norma WPAN. Este grupo definiu atualmente três classes de WPAN que se diferenciam pela taxa de dados, consumo de bateria e qualidade de serviço (QoS).

O estudo das redes de sensores sem fios (RSSF) [1-9] tornou-se um tema quente no domínio das redes devido à convergência de dados e telecomunicações através de redes baseadas no IP, que abriu caminho à inovação das tecnologias de comunicação e à provisão de segurança, que fará com que muitos sistemas, como o circuito fechado de televisão (CCTV), dependam das instalações dos sistemas de vigilância das RSSF para localizar e criar alertas a partir de sensores, em vez de circuitos de vídeo autónomos. O futuro prevê que as RSSF funcionem com elevado débito de dados para transmissão de dados através de atribuição de múltiplos canais e rádios em redes IEEE 802.11. Este capítulo faz uma comparação entre o IEEE 802.15.4 e o IEEE 802.11 para determinar a viabilidade das RSSF na banda de frequência de 2,4 GHz em relação ao IEEE 802.15.4. Além disso, a viabilidade do IEEE 802.15.4 na banda de frequência de 2,4 GHz, quando o IEEE 802.11n se tornar popular, será problemática, uma vez que, com uma carga de tráfego elevada, o 802.11n poderá utilizar uma largura de banda total de 40 MHz, não deixando nenhum canal para o IEEE 802.15.4 e também não estará livre da interferência de canal do IEEE 802.11n. Uma vez que as RSSF implicam o envio de todos os dados monitorizados para um sumidouro, a concentração será na futura atribuição de canais, esta tese centrar-se-á na popular gama de funcionamento de 2,4 GHz e na subcamada MAC para formular o resultado de uma futura RSSF verde multi-rádio multicanal. O capítulo está organizado da seguinte forma: 3.3 detalha brevemente o protocolo MAC IEEE 802.15.4 para ajudar a compreender o CSMA/CA e o coordenador PAN. 3.4. breve detalhe do protocolo MAC IEEE 802.11 para facilitar a compreensão do CSMA/CA e do DCF. 3.5, o trabalho relacionado e, em 3.6 e 3.7, a formulação da área de foco e a discussão dos resultados da simulação. Finalmente, 3.8 conclui o capítulo.

3.3 IEEE 802.15.4

As redes pessoais sem fios (WPAN) [16] são utilizadas para transmitir informações a distâncias relativamente curtas. Ao contrário das redes locais sem fios (WLAN), as ligações efectuadas através de WPAN envolvem pouca ou nenhuma infraestrutura. Esta caraterística permite a implementação de soluções pequenas, eficientes em termos energéticos e económicas para uma vasta gama de dispositivos. A taxa de dados é de 250 kbps a 2,4 GHz, 40 kbps a 915 MHz e 20 kbps a 868 MHz. O IEEE e a ZigBee Alliance [17] têm estado a trabalhar em estreita colaboração para especificar toda a pilha de protocolos. A norma IEEE 802.15.4 define as especificações da camada física (PHY) e da subcamada de controlo de acesso ao meio (MAC) para a conetividade sem fios de baixa velocidade de transmissão de dados com dispositivos fixos, portáteis e móveis, sem bateria ou com requisitos de consumo de bateria muito limitados, que funcionam normalmente no espaço de operação pessoal (POS) de 10 m. Prevê-se que, dependendo da aplicação, um maior alcance com uma velocidade de transmissão de dados mais baixa possa ser uma solução de compromisso aceitável. Um controlador central, conhecido como coordenador da rede de área pessoal (PAN), é utilizado para construir a rede no seu espaço operacional pessoal. A camada MAC tem dois modos de funcionamento: com beacon e sem beacon. O modo beacon enable permite dividir o tempo em vários clusters em que os nós têm acesso exclusivo ao canal de transmissão durante a sua duração ativa. Na operação sem balizas não há divisão do tempo e um nó compete pelo acesso ao canal com outros nós no seu alcance de rádio utilizando o algoritmo CSMA/CA sem ranhuras. Esta secção centra-se no funcionamento beaconless da camada MAC do IEEE 802.15.4.

3.3.1 Subcamada de controlo de acesso ao meio (MAC)

A subcamada MAC do IEEE 802.15.4 controla o acesso ao canal de rádio utilizando um mecanismo CSMA-CA (Carrier Sense Multiple Access with Collision Avoidance). Esta subcamada é responsável pela transmissão de quadros de sinalização, sincronização e fornecimento de um mecanismo de transmissão fiável. A subcamada MAC fornece dois serviços: o serviço de dados MAC e o serviço de gestão MAC com interface para o ponto de acesso ao serviço (SAP) da entidade de gestão da subcamada MAC (MLME) (MLMESAP). O serviço de dados MAC permite a transmissão e receção de unidades de dados do protocolo MAC (MPDU) através do serviço de dados PHY. A figura 3-1 mostra os componentes e as interfaces da subcamada MAC.

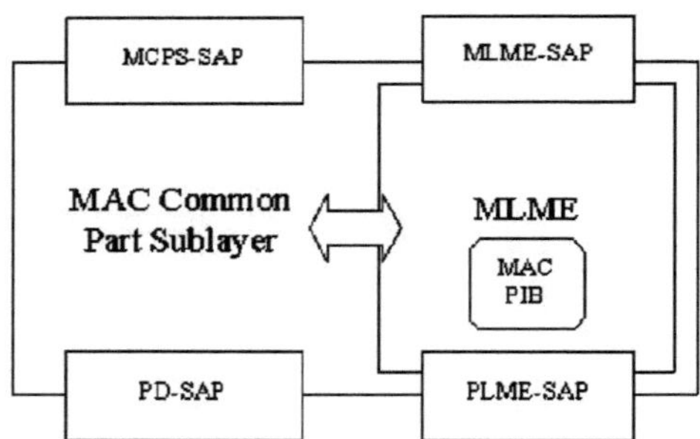

Figura 3-1: Os componentes da subcamada MAC.

3.3.1.1 Algoritmo CSMA-CA

No mecanismo de acesso ao canal CSMA/CA com ranhuras, cada dispositivo manterá três variáveis para cada tentativa de transmissão: número de retrocesso (NB), janela de contenção (CW) e expoente de retrocesso (BE). NB é o número de vezes que o algoritmo CSMA-CA é obrigado a fazer backoff durante a tentativa de transmissão em curso; este valor deve ser inicializado a zero antes de cada nova tentativa de transmissão.

CW é o comprimento da janela de contenção, que define o número de períodos de recuo que precisam de ser limpos da atividade do canal antes de a transmissão poder começar. Este valor deve ser inicializado a um antes de cada tentativa de transmissão e reposto a um sempre que se considere que o canal está ocupado. Caso contrário, este valor será inicializado a dois antes de cada tentativa de transmissão e reposto a dois de cada vez que se considere que o canal está ocupado. A variável CW só é utilizada para o CSMA-CA com ranhuras. Num sistema CSMA-CA com ranhuras e com o subcampo BLE definido como zero, a subcamada MAC deve garantir que, após o retrocesso aleatório, as restantes operações CSMA-CA possam ser realizadas e a totalidade da transação possa ser transmitida antes do final do período de acesso de contenção (CAP). Se o número de períodos de retrocesso for superior ao número restante de períodos de retrocesso no PAC, a subcamada MAC fará uma pausa na contagem regressiva do retrocesso no final do PAC e retomá-la-á no início do PAC no superquadro seguinte. Se o número de períodos de retrocesso for inferior ou igual ao número restante de períodos de retrocesso no CAP, a subcamada MAC aplicará o seu atraso de retrocesso e avaliará então se pode prosseguir. Se a subcamada MAC puder prosseguir, solicitará que o PHY efectue o CCA no superquadro atual. Se a subcamada MAC não puder prosseguir, aguardará até ao início do CAP no superquadro seguinte e aplicará um novo atraso de retrocesso aleatório antes de avaliar se pode prosseguir novamente.

Num sistema CSMA-CA com ranhuras e com o subcampo BLE definido como um, a subcamada MAC deve garantir que, após a contagem regressiva aleatória, as restantes operações CSMA-CA possam ser realizadas e a totalidade da transação possa ser transmitida antes do final do CAP. A contagem regressiva só ocorrerá durante os primeiros períodos completos de contagem regressiva macBattLifeExtPeriods após o fim do período de espaço interquadros (IFS) que se segue ao sinalizador. Se a subcamada MAC puder prosseguir, solicitará que a PHY efectue o CCA no superquadro atual. Se a subcamada MAC não puder prosseguir, aguardará até ao início do CAP no superquadro seguinte e aplicará um novo atraso aleatório no retrocesso [etapa (2)] antes de avaliar se pode prosseguir novamente.

Se a estrutura de superquadro for utilizada na PAN, deve ser utilizado o CSMA-CA com ranhuras. Se não estiverem a ser utilizados beacons na PAN ou se não for possível localizar um beacon numa rede com beacons, é utilizado o algoritmo CSMA-CA sem ranhuras. Em ambos os casos, o algoritmo é implementado utilizando unidades de tempo denominadas períodos de retrocesso, que são iguais aos símbolos aUnitBackoffPeriod. No mecanismo de acesso ao canal CSMA-CA com ranhuras, os limites do período de backoff de cada dispositivo na PAN estão alinhados com os limites das ranhuras do superquadro do coordenador da PAN. No CSMA-CA com ranhuras, sempre que um dispositivo pretenda transmitir quadros de dados durante o CAP, deve localizar o limite do período de retrocesso seguinte. O mecanismo a seguir antes de aceder ao canal está representado na fig. 32 do fluxograma do CSMA-CA.

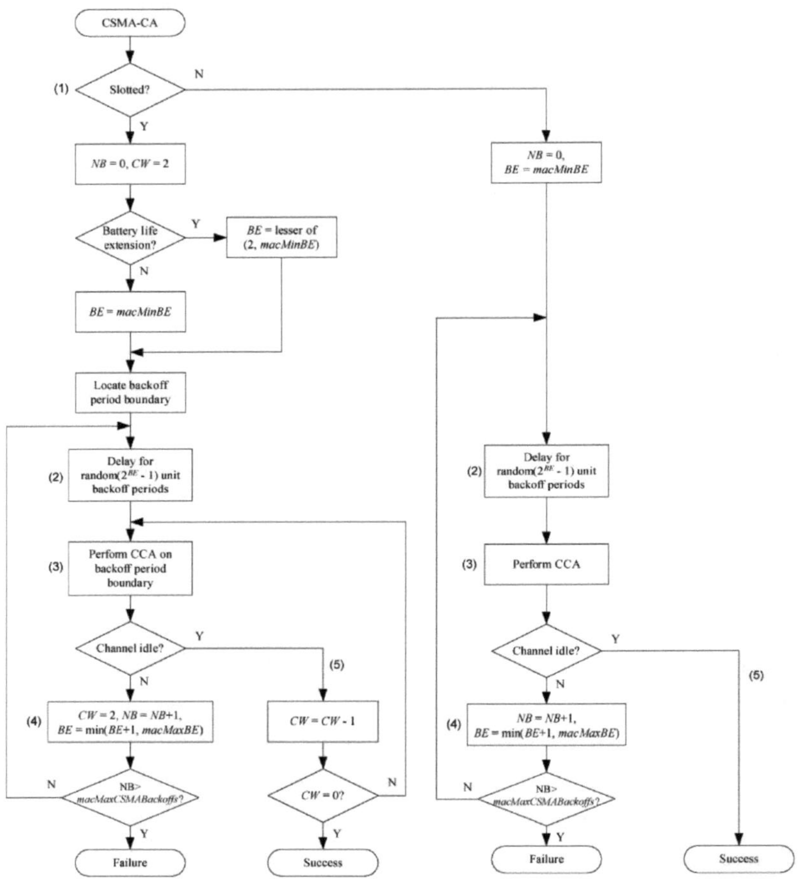

Figura 3-2: Fluxograma do CSMA-CA.

3.3.2 Canais

Existem 16 canais entre 2,4 e 2,4835 GHz, como mostra a Fig. 3. A norma também permite a seleção dinâmica de canais, uma função de varrimento que percorre uma lista de canais suportados em busca de sinalização, deteção da energia do recetor, indicação da qualidade da ligação e comutação de canais. A camada física fornece a capacidade de efetuar o acesso claro ao canal (CCA) de acordo com, pelo menos, um dos três métodos seguintes:

- Modo 1 do ACC: O ACC comunicará um meio ocupado ao detetar qualquer limiar de energia.
- Modo CCA 2: Apenas deteção de portadora. O CCA só comunicará um meio ocupado após a deteção de um sinal conforme com esta norma com as mesmas caraterísticas de modulação e

propagação da camada física que está a ser utilizada pelo dispositivo. Este sinal pode estar acima ou abaixo do limiar de deteção de energia (ED).

- Modo 3 do CCA: Deteção de portadora com energia acima do limiar. O CCA comunicará um meio ocupado utilizando uma combinação lógica de:
  - Deteção de um sinal com as caraterísticas de modulação e propagação desta norma e
  - Energia acima do limiar ED, em que o operador lógico pode ser AND ou OR.

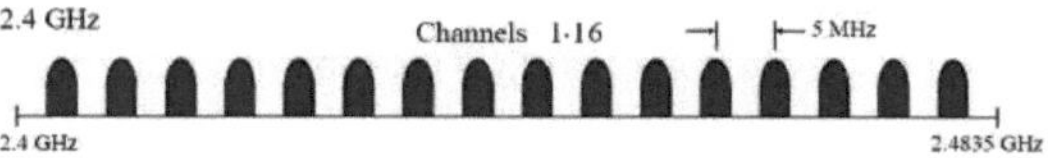

Figura 3-3: Canais para IEEE 802.15.4.

3.4 IEEE 802.11

3.4.1 Subcamada MAC

A subcamada MAC [15] do IEEE 802.11 define a função de coordenação distribuída (DCF), a função de coordenação pontual (PCF) e a função de coordenação híbrida (HCF). A tónica será colocada na DCF que permite a partilha automática do meio.

3.4.1.1 Acesso básico

O mecanismo de acesso básico denominado DCF é um mecanismo de prevenção de colisão de acesso múltiplo com deteção de portadora (CSMA/CA). O protocolo CSMA permite que uma estação que pretenda transmitir detecte o meio; se o meio estiver ocupado, adia a sua transmissão, mas se o meio estiver livre, a estação é autorizada a transmitir. O CSMA é muito eficaz quando o meio não tem muito tráfego, uma vez que todos os meios transmitem com um atraso mínimo. O facto de uma estação transmitir ao mesmo tempo provoca uma colisão, uma vez que o protocolo foi inicialmente concebido para a transmissão num único canal. O CA permite que o meio que está ocupado e adia a espera e permite que o meio fique livre durante um período de tempo específico designado por espaço interquadros distribuído (DIFS), após o que a estação é autorizada a transmitir. A Fig. 4 ilustra o acesso básico com acesso imediato quando o meio está livre.

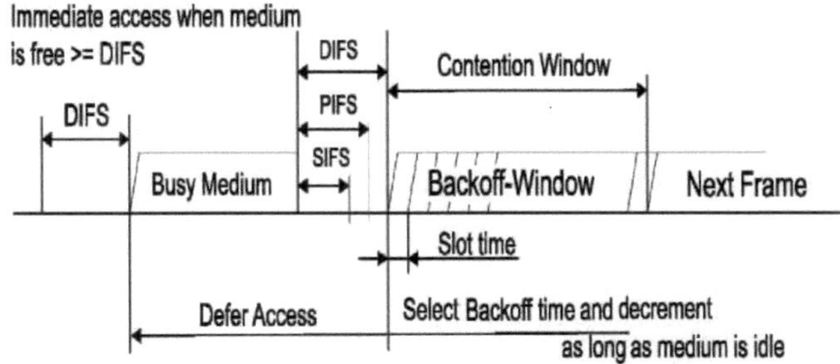

Figura 3-4: Método de acesso básico.

3.4.1.2 FCD

O DCF [15] é o mecanismo MAC básico e obrigatório das WLAN IEEE 802.11 herdadas, que permite a partilha automática do meio entre camadas físicas compatíveis através da utilização de CSMA/CA e de um tempo de retrocesso aleatório após uma condição de meio ocupado. Além disso, todo o tráfego endereçado individualmente utiliza um reconhecimento positivo imediato (quadro ACK), sendo a retransmissão programada pelo remetente se não for recebido nenhum ACK.

O protocolo CSMA/CA foi concebido para reduzir a probabilidade de colisão entre várias estações que acedem ao meio, no ponto em que as colisões seriam mais prováveis. As colisões múltiplas ocorrem com mais frequência após um período de ocupação, quando há várias estações à espera no meio para transmitir os seus dados. Esta situação exige um procedimento de retrocesso aleatório para resolver conflitos de contenção do meio através de funções de deteção de portadora (CS). O CS pode ser efectuado através de mecanismos físicos e virtuais. O mecanismo de CS virtual é conseguido através da distribuição de informações de reserva que anunciam a utilização iminente do meio. Reduz a probabilidade de colisão de duas estações que não se conseguem ouvir uma à outra.

3.4.1.3 Mecanismo CS

As funções CS física e virtual são utilizadas para determinar se o meio está ocupado ou inativo. Quando uma das funções indica um meio ocupado, o meio será considerado ocupado; caso contrário, será considerado inativo. O mecanismo de CS virtual é fornecido pelo MAC, referido como vetor de atribuição de rede (NAV), que prevê o tráfego futuro no meio. O mecanismo CS combina o estado do NAV e o estado do transmissor da estação com o CS físico para determinar o estado ocupado/ocioso do meio. O NAV também actua como um contador, que faz uma contagem decrescente até zero a uma taxa uniforme. Quando o contador é zero, o CS virtual indica que o meio está inativo e quando diferente de zero indica ocupado.

3.4.1.4 Tempo de retrocesso aleatório

Neste procedimento, uma estação com um pacote para transmitir espera até que o meio fique inativo, quando sente que o meio está ocupado. Quando o meio fica inativo durante o período de Distributed Interframe Space (DIFS), a estação define o seu temporizador de backoff para *random()*aSlotTime*. *aSlotTime* é definido num tempo que é igual ao tempo necessário para qualquer estação detetar a transmissão de um pacote de qualquer outra estação. *Random()* = Número inteiro pseudo-aleatório retirado de uma distribuição uniforme no intervalo [0,CW], em que CW é um número inteiro dentro da gama de valores das caraterísticas da camada física da janela mínima e máxima (aCWmin e aCWmax),

aCWmin < CW < aCWmax. No 802.11, o valor predefinido de *aSlotTime* é de 20 ps para o 802.11b e de 9 ps para o 802.11a/g. Se não for indicada qualquer atividade do meio durante uma determinada ranhura de backoff, a ranhura de backoff é reduzida em *aSlotTime.* Se o meio for detectado como ocupado durante uma ranhura de retrocesso, o temporizador de retrocesso é suspenso até que o meio esteja inativo durante o período DIFS, depois o temporizador de retrocesso será retomado. Quando o temporizador de backoff chega a zero, a transmissão inicia-se e, após a transmissão, é emitido um aviso de receção indicando se a transmissão foi ou não bem sucedida. Se a transmissão tiver sido bem sucedida, a estação volta a definir o seu temporizador de backoff antes de transmitir o pacote seguinte. No entanto, a janela de controlo (CW) assumirá o valor seguinte na série sempre que houver uma tentativa de transmissão sem êxito. Isto permite que o contador de tentativas de cada estação seja incrementado, até que a CW atinja o valor do tamanho máximo da janela (aCWmax). Uma vez atingido o aCWmax, o CW permanecerá no valor de aCWmax até que o CW seja reposto; a fig. 3-5 ilustra o aumento exponencial do CW. O CW será reposto no valor de aCWmin após cada tentativa bem sucedida de transmissão de dados ou após uma longa contagem de tentativas da estação.

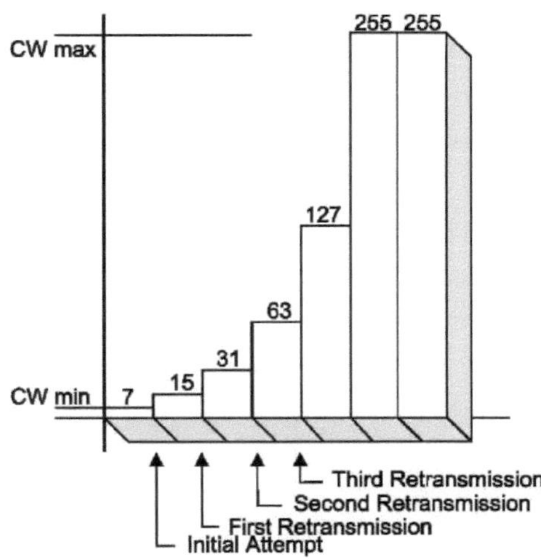

Figura 3-5: Aumento exponencial de CW.

O procedimento de retrocesso será invocado quando uma estação estiver pronta para transferir um quadro e encontrar o meio ocupado, como por indicação do mecanismo CS físico ou virtual. O procedimento de backoff também será invocado quando uma estação transmissora infere uma transmissão falhada. A estação definirá o seu temporizador de retrocesso para um retrocesso aleatório após um período DIFS durante o qual se determina que o meio está inativo. A estação que executa o procedimento de backoff utilizará o mecanismo CS para determinar quaisquer actividades durante o slot de backoff. Se não houver nenhuma atividade indicada, o procedimento de retrocesso diminuirá o tempo de retrocesso em aSlotTime. A Fig. 3-6 ilustra um procedimento de backoff com várias estações a adiar e a passar para backoff aleatório.

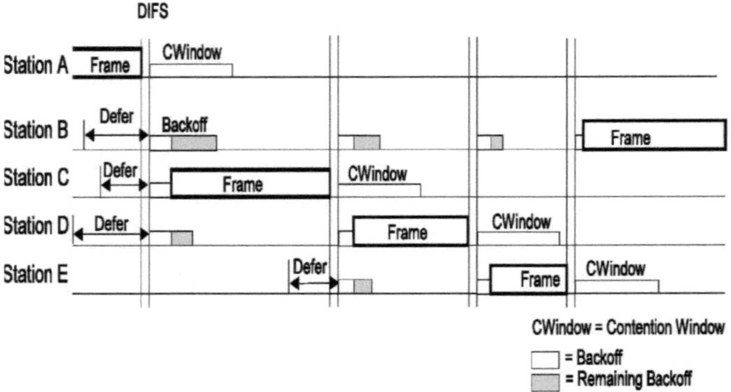

Figura 3-6: Procedimento de backoff DCF.

3.4.2 Canais

No IEEE 802.11, existem 14 canais possíveis na gama de frequências de 2,4 GHz. A largura do canal é de 22 MHz e cada canal tem um espaçamento de 5 MHz. Isso cria uma sobreposição entre os canais, e os profissionais de TI costumam usar os canais 1, 6 e 11 sem sobreposição para evitar o uso dos canais sobrepostos. A Fig. 3-7 ilustra a frequência central do canal, que é definida em passos sequenciais de 1,0 MHz, começando pelo primeiro canal. A largura de banda dos canais ocupados satisfará todos os regulamentos geográficos locais aplicáveis para o espaçamento de canais de 1 MHz. A taxa a que a entidade PMD irá saltar é regida pelo MAC. A taxa de salto é um atributo com um tempo máximo de permanência sujeito a regulamentos geográficos locais.

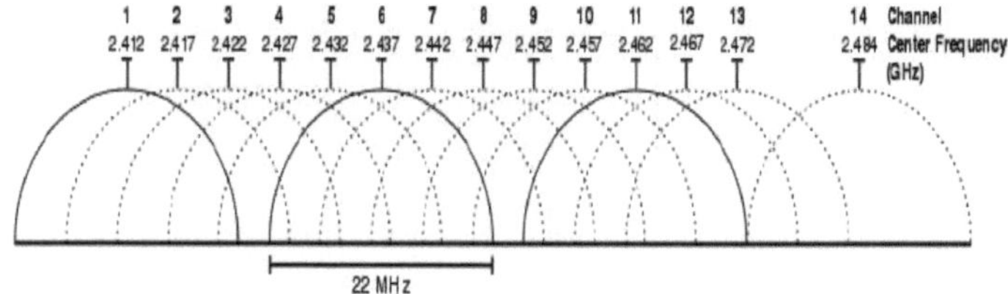

Figura 3-7: Frequência central do canal para IEEE 802.11 na gama de 2,4 GHz.

3.5 Trabalhos relacionados

Vários investigadores [61-72] utilizaram uma combinação das redes IEEE 802.15.4 e IEEE 802.11 nas RSSF para comparação e avaliação em diferentes cenários ou a rede 802.11 é utilizada como ponto de acesso (AP) e nos chefes de agrupamento para retransmitir os dados da rede de sensores 802.15.4 para o sumidouro e outros servidores e aplicações da rede. Em [61], são introduzidos algoritmos distribuídos para otimizar o desempenho da rede 802.15.4 sob diferentes padrões de interferência 802.11. Nakatsuka et al [66] ajustam o protocolo 802.11 b/g para evitar a interferência inter-canal entre o 802.15.4, de modo a que ambos os protocolos funcionem no mesmo canal de frequência. Concluem que a interferência inter-canal entre o 802.14.5 e o 802.11 b/g pode ser atenuada através da partilha do tráfego de controlo de tempo do 802.11 b/g, mas não consideraram o efeito do 802.11n quando se tornar popular com o efeito de múltiplas entradas e múltiplas saídas (MIMO) e o aumento significativo da taxa máxima de dados brutos de 54 Mbps para 600 Mbps com a utilização de quatro fluxos espaciais numa largura de canal de 40 MHz. Bertocco et al [68] apresentaram no seu trabalho um novo simulador que permite a análise entre camadas das interferências que surgem entre o 802.15.4 e o 802.11 e prevê possíveis efeitos de interferência, o que é ainda um trabalho em curso para os investigadores.

3.6 Formulação

Tanto o IEEE 802.15.4 como o IEEE 802.11 utilizam o mecanismo CSMA/AC para redes baseadas em contenção. O mecanismo CSMA/CA com ranhuras adotado com o modo PAN do IEEE 802.15.4 é diferente do bem conhecido esquema CSMA/CA do IEEE 802.11. As principais diferenças dizem respeito ao comportamento em termos de faixas horárias, ao algoritmo de backoff e ao procedimento de avaliação do canal claro (CCA) utilizado para detetar se o canal está inativo. As diferenças são descritas a seguir:

- No IEEE 802.15.4, cada operação (acesso ao canal, contagem de backoff, CCA) só pode começar no limite de faixas horárias, que se designam por períodos de backoff. No IEEE 802.11, a noção de slot existe apenas no que respeita à contagem de backoff.
- No IEEE 802.15.4, só quando o contador de backoff chega a zero é que o nó detecta o canal (CCA).
- No IEEE 802.11, os nós estão constantemente a detetar enquanto estão em backoff, incorrendo assim num consumo adicional de energia.
- No IEEE 802.15.4, o contador de backoff de um nó diminui independentemente de o canal estar ocioso ou ocupado. Em contraste, no IEEE 802.11 a contagem do backoff pára sempre que o canal fica ocupado.
- No IEEE 802.15.4, ao contrário do IEEE 802.11, o tamanho da janela de contenção é redefinido para o seu valor mínimo no início de cada tentativa de retransmissão.

Quando o IEEE 802.15.4 e o IEEE 802.11 utilizam os mesmos canais, as suas funções CSMA/CA permitem-lhes partilhar o mesmo intervalo de tempo. Quando os mesmos canais são utilizados por ambos, o 802.15.4 sofre grandes atrasos, ao passo que o 802.11, com uma gama de frequências mais elevada, dá prioridade de acesso ao canal na maioria dos casos. Uma sobreposição entre ambos pode ter um impacto negativo no funcionamento do IEEE 802.15.4, uma vez que se trata de um protocolo de baixa potência que utiliza uma largura de canal reduzida em comparação com os níveis de potência transmitida e a largura de canal utilizados pelo IEEE 802.11. As bandas de frequência em que estes problemas de interferência são mais críticos para as redes sem fios incluem a banda Industrial, Científica e Médica (ISM) de 2,4 GHz. Ver Fig. 3-8 que mostra os canais 802.11 e 802.15.4 na banda ISM de 2,4 GHz.

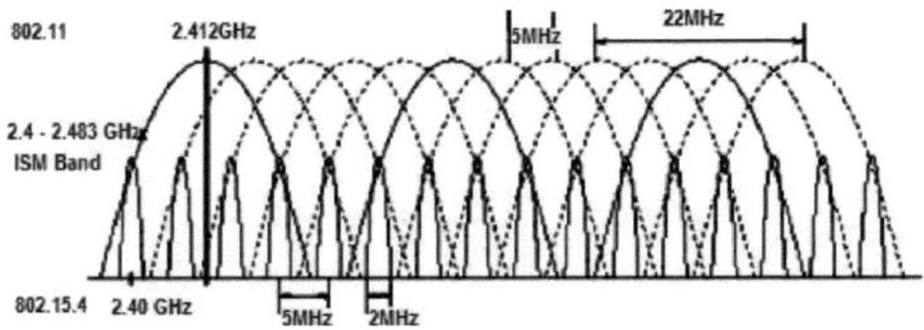

Figura 3-8: Comparação dos canais de 802.11 e 802.15.4.

No modo sem beacon e com uma taxa de dados moderada, a nova norma IEEE 802.15.4, comparada com a IEEE 802.11, é mais eficiente em termos de sobrecarga e consumo de recursos. Em média, também apresenta um baixo atraso de salto. No entanto, a norma 802.11n pode atingir um débito de dados de 248 Mbps na mesma banda de frequência que as outras normas. O grande aumento do débito de dados e do alcance é conseguido através da utilização da técnica designada Multiple-Input Multiple-Output (MIMO). A MIMO utiliza mais do que uma antena emissora e recetora e combina-as com técnicas de codificação especiais para obter ainda mais dados através das mesmas frequências. Por exemplo, em Polepalli et al [71], os resultados dos seus testes mostraram que a sobreposição com o canal de controlo IEEE 802.11n provoca uma grave deterioração da taxa de perda e da latência dos pacotes para o tráfego IEEE 802.15.4 e que a sobreposição é muito mais grave com o canal de extensão do 802.11n. O IEEE 802.11 é mais adequado para sensores de elevado débito e aplicações de voz, enquanto o 802.15.4 é mais adequado para sensores de baixo débito e dispositivos utilizados para aplicações de controlo que não exigem um elevado débito de dados, mas que devem ter uma longa duração da bateria, poucas intervenções do utilizador e uma topologia móvel. O novo protocolo de rede sem fios de curto alcance, baixo consumo de energia e baixo débito, 802.15.4, complementa as tecnologias de elevado débito de dados, como a WLAN, e abre a porta a muitas novas aplicações quando se utiliza uma combinação de ambas, porque o ambiente previsto para estes dispositivos exige a maximização da duração da bateria. Os protocolos tendem a favorecer os métodos que conduzem a isso, implementando verificações periódicas de mensagens pendentes, cuja frequência depende das necessidades da aplicação. No entanto, quando o ambiente pretende centrar-se puramente no elevado débito de dados com dados em fluxo contínuo, como é o caso dos sistemas multimédia e dos sistemas de vigilância por sensores que dependem das suas imagens e dados através de redes sem fios, a consideração do 802.11 tem de ser o foco, uma vez que esses sistemas não serão capazes de lidar com a transmissão periódica.

3.7 Resultados da simulação e discussões

O modelo de simulação utilizado baseia-se no NS2 [18], utilizando a pilha de protocolos MAC existente e o trabalho efectuado para a rede cognitiva de rádio cognitivo (CRCN) [73] GUI, SNR lab/Michigan Technological University e o modelo Hyacinth [19] para multi-canal e rádio único. Este modelo já fornecia muitos modelos de rádio, incluindo 802.11 e 802.15.4, e o NS2 também incorpora diferentes topologias e geradores de tráfego que permitem a criação de diferentes cenários de simulação. Os diferentes cenários de simulação serão estudados de acordo com três métricas de desempenho diferentes: débito agregado, rácio de entrega e atraso de acesso. Os nós sensores são colocados aleatoriamente numa área de $1000x1000m^2$. O número de nós é 50 e a simulação decorre durante 300s. Os dados serão enviados para um nó de drenagem. A função de coordenação distribuída do IEEE 802.11 e do IEEE 802.15.4 é utilizada como camada MAC. O investigador não assume grandes redes densamente implantadas, mas considera uma rede de sensores com dados de fluxo contínuo que poderia ser implantada para organização, parques e tráfego de veículos e não para monitorização remota. Neste caso, os nós estarão sempre estáticos e alimentados e, como tal, o esgotamento da vida útil da bateria não é considerado. A simulação do tráfego CBR a ser enviado de 2 em 2 segundos para evitar o transbordo da memória intermédia e para replicar os dados de fluxo contínuo e investigou o efeito do 802.11 e do 802.15.4 para analisar o efeito com diferentes taxas de dados em diferentes intervalos.

As Figs. 3-9, 3-10 e 3-11 mostram o fluxo de dados num raio de 10 m de cada nó a uma velocidade de 100 kbps, tanto para o 802.11 como para o 802.15.4. A Fig. 3-9 mostra que, após 20 nós, ambos os protocolos começam a registar um atraso elevado na transmissão do pacote de dados. Embora o 802.11 tenha sido concebido para um débito elevado de dados, a simulação indica que pode ser utilizado com um débito mais baixo e a curta distância; no entanto, as despesas gerais do protocolo CSMA/CA, como o processo de contenção, o espaçamento entre quadros, os cabeçalhos ao nível da camada física (Preâmbulo + PLCP) e os quadros de reconhecimento, têm um grande impacto na dimensão reduzida dos dados, tornando o 802.11 inviável para funcionar com um débito reduzido. O elevado atraso registado pelo 802.15.4 com um débito de dados reduzido resulta do débito de dados em fluxo contínuo, que criou um excesso de memória intermédia e um recuo constante, dado que todos os nós estão a disputar o meio e a sucessão dos dados não é periódica. Estes factores impedem um melhor desempenho da norma 802.15.4. O rácio de entrega de pacotes e o débito agregado nas figs. 310 e 3-11, respetivamente, apresentam um padrão de comportamento semelhante, com pouca variação entre os dois protocolos. O 802.11 tem um desempenho ligeiramente melhor após 30 nós do que o 802.15.4; mais uma vez, isto mostra que o 802.15.4 não consegue ter um bom desempenho com dados em fluxo contínuo, mesmo que funcione com uma taxa de dados baixa, e não seria viável para redes de sensores com sistemas multimédia ou de vigilância que dependem de imagens e dados através do meio sem fios.

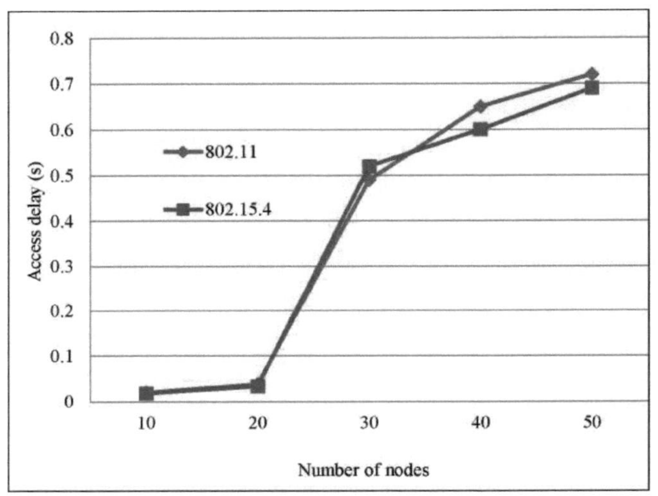

Figura 3-9: Comparação de atrasos para 802.11 e 802.15.4 a 10m de distância e dados de 100kbps.

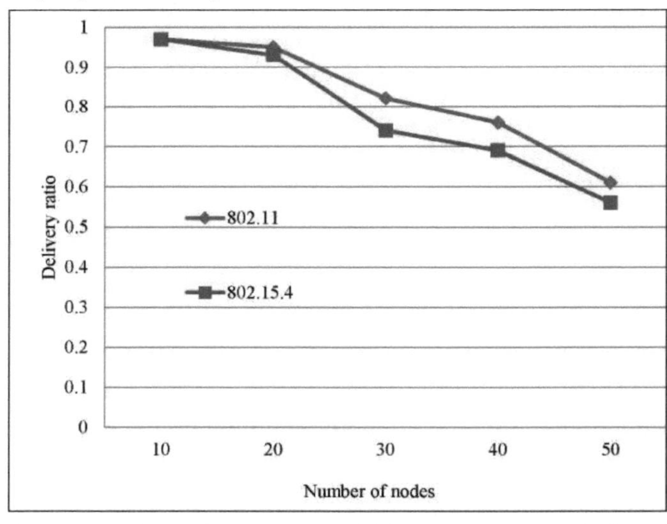

Figura 3-10: Comparação da taxa de entrega para 802.11 e 802.15.4 a 10m de distância e dados de 100kbps.

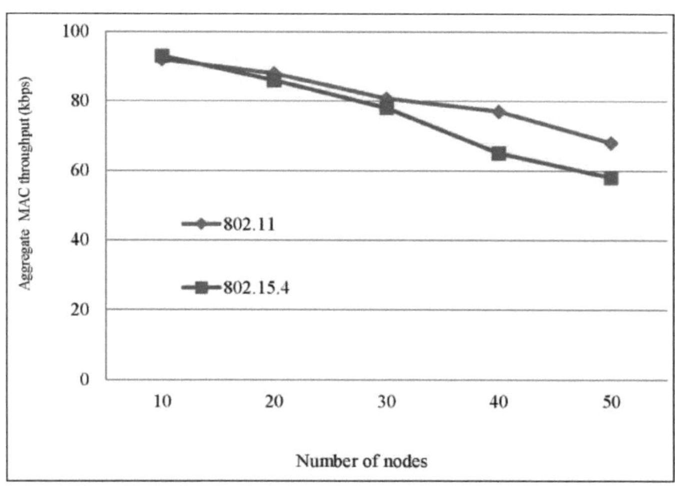

Figura 3-11: Comparação do débito para 802.11 e 802.15.4 a 10m de distância e dados de 100kbps.

As Figs. 3-12, 3-13, 3-14 mostram dados em fluxo contínuo num raio de 50 m de cada nó e uma velocidade de transmissão de dados de 2 Mbps, tanto para o 802.11 como para o 802.15.4. Observou-se na fig. 3-12 que o 802.11 regista um atraso reduzido na transmissão de pacotes, mas começa a aumentar gradualmente o atraso de acesso após 30 nós. Isto é normal, uma vez que todos os nós estão a competir pelo mesmo meio. O resultado mostra que o 802.11 tem um desempenho superior ao 802.15.4 em mais de 65%. O fraco desempenho do 802.15.4 deve-se ao elevado débito de dados, ao fluxo contínuo de dados e à distância de transmissão de dados; estes efeitos provocaram o transbordamento da memória intermédia, a perda de dados e o constante recuo do meio, o que não permite que a capacidade de resposta seja capaz de lidar com estas restrições graves. A norma 802.15.4 tem um bom desempenho a curta distância e com pacotes de pequena dimensão; por conseguinte, não é provável que a norma 802.15.4 funcione sob tal pressão, sobretudo com dados em fluxo contínuo. A taxa de entrega de pacotes e a taxa de transferência agregada nas figs. 3-13 e 3-14, respetivamente, apresentam um padrão de comportamento semelhante, em que o 802.11 tem melhor desempenho do que o 802.15.4. Mais uma vez, isto mostra que a norma 802.15.4 não pode ter um bom desempenho a longo alcance com fluxo de dados de elevado débito e, por conseguinte, não é viável para sensores multimédia ou sistemas de vigilância com fluxo de dados.

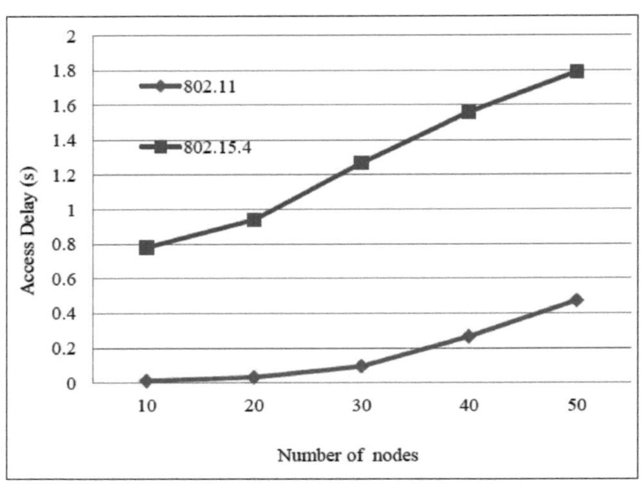

Figura 3-12: Comparação de atrasos para 802.11 e 802.15.4 a 50m de distância e dados de 2Mbps.

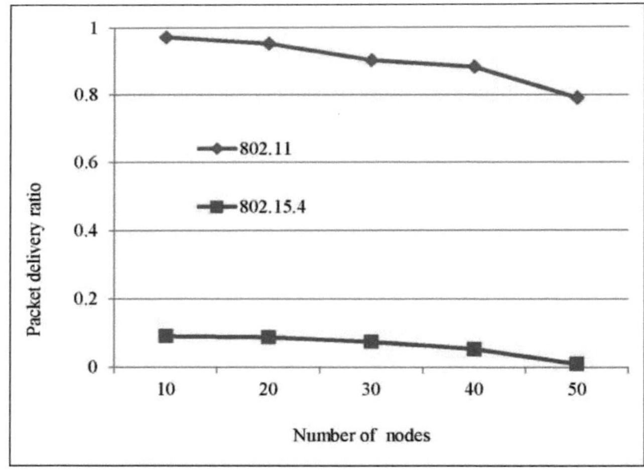

Figura 3-13: Comparação da taxa de entrega para 802.11 e 802.15.4 a 50m de distância e dados de 2Mbps.

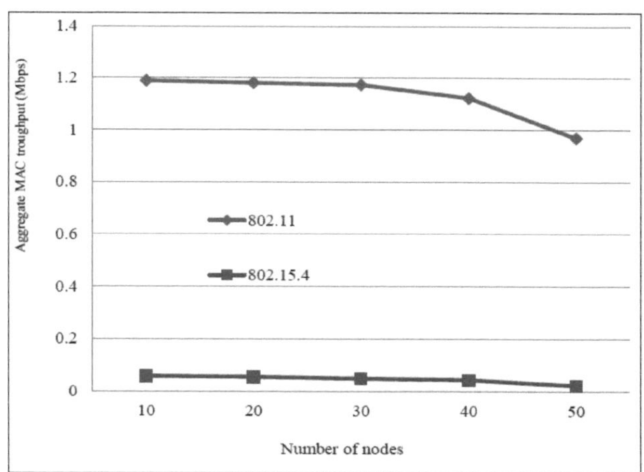

Figura 3-14: Comparação da taxa de transferência para 802.11 e 802.15.4 a 50 m de distância e dados de 2 Mbps.

3.8 Conclusão

Neste capítulo, foram estudadas as subcamadas MAC dos protocolos IEEE 802.15.4 e IEEE 802.11 MAC para ajudar a compreender o esquema CSMA/CA dos protocolos 802.11 e 802.15.4. O desempenho de ambos foi investigado e avaliado através de resultados de simulação conduzidos no NS2 para tomar uma decisão racional sobre qual o protocolo viável para futuras RSSF que operem com sistemas multimédia ou de vigilância num ambiente multirrádio multicanal. Os resultados obtidos na simulação através do fluxo de dados a 100kbps e 2Mbps a 10 e 50m de distância, respetivamente, mostram que o 802.15.4 está em desvantagem no desempenho a longa distância com fluxo de dados de alta velocidade ou a baixa velocidade com fluxo de dados. Foram utilizadas as métricas de desempenho de débito agregado, rácio de entrega e atraso de acesso, em que a norma 802.15.4 teve um desempenho muito fraco com um débito de dados elevado e a norma 802.11 teve um desempenho ligeiramente melhor após 20 nós com um débito de dados de fluxo contínuo baixo. Concluiu-se que a norma 802.15.4 não é viável para sistemas multimédia de sensores ou de vigilância com fluxo contínuo de dados para futuros sistemas multirrádio multicanais.

Tendo investigado o desempenho entre o IEEE 802.11 e o IEEE 802.15.4, é viável conceber os protocolos baseados em contenção do 802.11 para atribuição multicanal. O projeto proposto é uma função de coordenadas distribuídas multicanal sobre um único rádio para as RSSF. O protocolo de conceção será testado com cenários de simulação do NS2. O objetivo geral desta proposta de conceção é utilizar a transmissão multicanal para futuros sistemas de vigilância por sensores sem fios 802.11 para processar dados de vídeo para alertas automatizados em tempo real e também para considerar uma solução mais rentável e quando o IEEE 802.15.4 não puder funcionar nos 2,4 GHz já lotados quando o IEEE 802.11n se tornar popular.

Capítulo 4

Função coordenada distribuída multicanal sobre um único rádio em redes de sensores sem fios

4.1 Visão geral

A atribuição de múltiplos canais está a tornar-se a solução de eleição para melhorar o desempenho das redes sem fios com um único rádio. O multicanal permite que as redes sem fios atribuam canais diferentes a nós diferentes na transmissão em tempo real. Neste capítulo, é apresentada uma nova abordagem, a Função Coordenada Distribuída Multi-canal (MC-DCF), que tira partido da atribuição multi-canal. O algoritmo de backoff da função de coordenação distribuída (DCF) do IEEE 802.11 foi modificado para invocar a mudança de canal, com base em critérios de limiar, a fim de melhorar o rendimento global das redes de sensores sem fios (RSSF) em redes 802.11. Foram utilizadas experiências de simulação para investigar as caraterísticas da comunicação multicanal em redes de sensores sem fios, utilizando a plataforma NS2. Os nós utilizam apenas um único rádio e efectuam a mudança de canal apenas quando é atingido um determinado limiar. Um único rádio só pode funcionar num canal de cada vez. Todos os nós iniciam fluxos de taxa de bits constante para os nós receptores. Neste trabalho, o impacto dos canais não sobrepostos na banda de frequência 2,4 foi estudado em: fluxos de débito constante (CBR), densidade de nós, nós de origem que enviam dados diretamente para o sumidouro e intensidade do sinal, variando as distâncias entre os nós sensores e as frequências de funcionamento dos rádios com diferentes débitos de dados. Os resultados mostraram que o melhoramento multicanal utilizando o algoritmo proposto proporciona uma melhoria significativa em termos de débito, taxa de entrega de pacotes e atraso. Esta técnica pode ser considerada para utilização futura das RSSF em redes 802.11, especialmente quando o IEEE 802.11n se tornar popular, o que pode impedir que a rede 802.15.4 funcione efetivamente na banda de frequência de 2,4 GHz.

4.2 Introdução

As redes de sensores sem fios (RSSF) [1-4] são utilizadas numa vasta gama de domínios, como as aplicações militares, a monitorização ambiental, os cuidados médicos, os edifícios inteligentes e outras indústrias. Os sensores das RSSF são geralmente implantados de forma aleatória no domínio de interesse, fornecendo uma miríade de tipos de eventos, desde simples relatórios periódicos a explosões imprevisíveis de mensagens desencadeadas por eventos externos que estão a ser detectados. Estes nós sensores trabalham em colaboração para detetar um determinado ambiente, efetuar cálculos na rede e comunicar com uma estação de base quando ocorre um evento específico. Em comparação com as redes sem fios convencionais, está a surgir um grande número de aplicações baseadas em RSSF. As RSSF têm também várias caraterísticas definidas, incluindo uma largura de banda de transmissão limitada, uma capacidade de cálculo limitada dos nós individuais e um fornecimento de energia limitado. O atual paradigma das RSSF tem também algumas caraterísticas interessantes, incluindo a auto-organização, a topologia dinâmica da rede e o encaminhamento multi-hop. Atualmente, estas caraterísticas são importantes para muitas aplicações do mundo real.

A norma 802.15.4 define um protocolo para redes pessoais sem fios de baixo débito (LR-WPAN). Isto permite um baixo custo dos componentes, uma área de cobertura reduzida, baixa potência de transmissão, baixa taxa de bits e consumo de energia [64]. A camada PHY do 802.15.4 pode funcionar nas bandas de 868 MHz, 915 MHz e 2,4 GHz. A largura de banda da rede é muito limitada e o pacote da camada MAC é muito pequeno, com um tamanho típico de 30 a 50 bytes, em comparação com os 512 bytes das redes 802.11. As redes 802.15.4 funcionam normalmente na banda Industrial, Científica e Médica (ISM) de 2,4 GHz, que também é utilizada pelas populares redes 802.11.

Vários investigadores [66-72] utilizaram uma combinação das redes 802.15.4 e 802.11 no âmbito das RSSF para efeitos de comparação e avaliação, considerando diferentes cenários, ou o 802.11 é utilizado como ponto de acesso (AP) e nos chefes de agrupamento para retransmitir os dados da rede de sensores 802.15.4 para os sumidouros e outros servidores e aplicações da rede. Quando o 802.15.4 e o 802.11 estão a utilizar os mesmos canais, as suas funções CSMA/CA permitem-lhes partilhar intervalos de tempo. No entanto, a utilização dos mesmos canais fará com que o 802.15.4 sofra grandes atrasos, ao passo que o 802.11, com uma gama de frequências mais elevada, proporciona um acesso prioritário ao canal na maioria dos casos. Uma sobreposição entre eles pode ter um impacto negativo no funcionamento do 802.15.4, uma vez que se trata de um protocolo de baixa potência que utiliza uma largura de canal reduzida em comparação com os níveis de potência transmitida e a largura de canal utilizados pelo 802.11. A banda de frequências em que tais problemas de interferência se colocam é atualmente mais crítica para as redes sem fios.

A norma 802.11 [15] define um protocolo de comunicação para redes locais sem fios (WLAN), fornecendo um total de 14 canais de frequência, cada um dos quais caracterizado por uma largura de banda de 22 MHz. O método fundamental de acesso ao meio do 802.11 é um DCF conhecido como Carrier Sense Multiple Access with collision avoidance (CSMA/CA). Trata-se de um protocolo baseado na contenção que se concentra nas colisões dos dados transmitidos e foi desenvolvido principalmente para redes sem fios. A aplicação de uma atribuição multicanal a este esquema ajudaria a reduzir a contenção para um único meio, a colisão e o congestionamento.

O multicanal, no que se refere às redes sem fios, é utilizado para atribuir diferentes nós a diferentes canais na transmissão em tempo real. Isto dá origem a comunicações em diferentes bandas de frequência. Quando os nós sensores estão densamente implantados, os protocolos MAC de canal único podem ser inadequados devido a uma maior procura da largura de banda limitada. Ultimamente, têm sido propostos vários protocolos MAC com o objetivo de melhorar o desempenho da rede em RSSF utilizando atribuições multicanais [58,60,75-85].

A nossa investigação centra-se na conceção de comunicação multicanal baseada no 802.11 DCF sobre um único rádio para RSSFs, a fim de melhorar o seu desempenho de comunicação, nomeadamente a taxa de transferência, o atraso de fim-de-fim e o atraso de acesso ao canal. Os protocolos multicanal utilizam melhor a largura de banda e, por isso, podem ter um desempenho favorável em aplicações que exijam taxas de dados elevadas. As normas 802.11 fornecem até 12 canais não sobrepostos, respetivamente, nos espectros de 2,4 GHz e 5 GHz. Os nós dentro do raio de transmissão uns dos outros podem funcionar em diferentes canais não sobrepostos, de modo a evitar interferências. Os factores que se seguem são tidos em conta quando se pretende utilizar a norma 802.11 para as RSSF:

- Tal como o 802.15.4, as operações do 802.11 DCF também se baseiam no algoritmo CSMA/CA. Pode ser utilizado para um sistema de vigilância por sensores sem fios de baixo custo, fiável, fácil de gerir, fácil de implantar e que pode processar dados de vídeo para alertas automáticos em tempo real. Apesar da grande atenção dada nos últimos anos, os investigadores ainda não conseguiram atingir o objetivo de operações independentes e a longo prazo de implantações de redes de sensores sob este constrangimento.

- O 802.15.4 é aplicado a redes de sensores de baixa velocidade de transmissão de dados e de curta distância, em que a topologia de uma rede de sensores muda com muita frequência. O facto de o 802.15.4 e o 802.11 funcionarem na mesma banda de frequência pode tornar-se problemático quando são utilizadas redes 802.11n. O 802.11n tem várias caraterísticas novas, como a utilização de múltiplos fluxos de entrada e saída (MIMO) e a ligação de canais, que permitem atingir débitos de dados até 450 Mbps. Em particular, a ligação de canais refere-se à utilização de um canal de extensão com 20 MHz de largura, para além do canal de controlo utilizado pelas redes 802.11. Com cargas de tráfego elevadas, uma rede 802.11n utilizaria uma largura de banda total de 40 MHz quando estivesse a funcionar na banda de 2,4 GHz. Duas ou mais redes 802.11n a funcionar no mesmo local com uma rede 802.15.4 não deixariam nenhum canal 802.15.4 livre de interferências 802.11n.

O resto deste capítulo apresenta trabalhos relacionados, o modelo de sistema proposto e a forma como os nós são atribuídos aos canais, os resultados da simulação e a análise do desempenho. Por fim, é apresentada a conclusão.

4.3 Trabalhos relacionados

A atribuição de múltiplos canais para as RSSF tem sido estudada por vários investigadores. A abordagem híbrida estudada em [74] é semelhante, em que cada nó tem uma interface fixa num canal comum que é utilizado para controlo e troca de pacotes, enquanto as outras interfaces são comutadas entre os restantes canais para transmissão de dados.

Outros protocolos multicanais híbridos em [58] consistem em duas partes, em que uma parte trata de questões MAC, como enfileiramento, comutação e difusão, e a segunda parte é um algoritmo de atribuição distribuída. Estes modelos mantêm uma tabela que regista os canais utilizados pelos seus vizinhos. Nesta técnica, os nós verificam constantemente a tabela para determinar o número de nós atribuídos a um canal. Em [75], também propuseram uma abordagem híbrida para cada atribuição de canal semi-fixo, um algoritmo heurístico usado com base na transferência de um problema baseado em coloração.

Em [58,60,75-76], foram usadas estratégias estáticas e dinâmicas para atribuir canais. Em [74], foi proposta uma atribuição de canais sensível à carga. Em [74,77-80], foram propostos protocolos MAC multicanal; estes protocolos requerem múltiplos transceptores de rádio em cada nó ou determinado tipo de mensagens para negociação de canais. No entanto, o uso de múltiplos transceptores requer o uso de energia, o que é uma restrição nas RSSFs. Neste caso, os pacotes de negociação de canal não são vistos como uma pequena sobrecarga. Tanto o TMMAC [81] quanto o MMSN [82] são protocolos MAC multicanal projetados para RSSFs. São protocolos que foram concebidos para atribuir canais diferentes a nós numa vizinhança de dois saltos, de modo a evitar potenciais interferências. Os resultados de simulações mostram que melhoram o desempenho em comparação com os protocolos de canal único. A desvantagem é que um nó tem um canal diferente dos seus nós a jusante e a montante. No fluxo multi-hop, os nós têm de mudar de canal para receber e encaminhar pacotes. Isto provoca uma mudança frequente de canal e potenciais perdas de pacotes. Para evitar a perda de pacotes, estes protocolos utilizam alguns esquemas de negociação ou de programação para coordenar a mudança de canal e a transmissão entre nós com canais diferentes. Os desafios que enfrentam prendem-se com o facto de necessitarem de muitos canais ortogonais para a atribuição de canais em redes densas; requerem também uma sincronização temporal precisa nos nós, com atrasos frequentes na comutação de canais e sobrecargas de programação, especialmente no caso de elevado tráfego de dados. Em [80], foram efectuadas experiências empíricas com motes Micaz para mostrar que, na prática, os protocolos baseados em nós podem não ser adequados para as RSSF.

Em [83], é utilizado um mecanismo de programação de canais para gerir e decidir quando um nó deve mudar de canal para suportar os requisitos de comunicação actuais. Também adoptam a abordagem de base gráfica.

Ozlem et al. [84] propuseram um esquema multicanal baseado no LMAC que permite ao nó utilizar novos canais de frequência a pedido, se a rede atingir um limite de densidade. Este método é composto por duas fases, uma em que os nós tentam selecionar faixas horárias de acordo com a regra do canal único em LMAC e a segunda em que os nós que não conseguem obter uma faixa horária na primeira fase convidam os nós vizinhos que estão livres para os ouvir num canal ou faixa horária acordados.

O esquema de Nasipuri [85] foi um dos primeiros protocolos CSMA multicanal que usou reserva de canal. Se houver *N* canais, o protocolo assume que cada nó pode monitorar todos os *N* canais simultaneamente com *N* transceptores. Esse esquema multicanal era apenas uma extensão simples do MAC 802.11 de canal único, que exige que cada nó tenha *N* transceptores, um para cada canal; isso não era viável para um sistema prático.

4.4 Proposta para MC-DCF

Esta abordagem utilizará a atribuição de múltiplos canais no 802.11 DCF num único rádio para as RSSF, conhecida como MC-DCF. A interface do nó será capaz de alternar entre canais. A abordagem terá todos os nós cientes dos canais em uso, mas cada interface de nó só pode sintonizar um canal num determinado momento. Na inicialização, será aplicado um atribuidor aleatório que emprega uma distribuição uniforme para distribuir as interfaces dos nós pelos canais. Isso garante que cada canal terá aproximadamente o mesmo número de nós vizinhos atribuídos a ele na inicialização. Uma série de abordagens que têm sido usadas são destacadas no trabalho relacionado. A abordagem de troca de canal é uma forma de aumentar o número de nós a quem é concedido acesso ao meio sem fios. Nesta abordagem, os nós mudarão de canal quando a janela de contenção do DCF atingir um determinado limiar. O nó sink efectua a mudança de interface para receber dados dos canais provenientes dos nós de origem. Se houver uma colisão, o método MAC invocará o procedimento de backoff implementado no protocolo MAC. Os nós apenas monitorizam as actividades no canal atual a que estão atribuídos e, quando mudam para outro canal, ouvem o sinal dentro do alcance e actualizam-se. Se todos os canais estiverem ocupados, os nós voltam ao estado de backoff.

4.4.1 Desafios actuais

Havia desafios existentes nas RSSF que precisavam de ser considerados quando operavam na rede 802.11:

- Interferências entre nós vizinhos
  - Limitação da largura de banda
  - Contenção do meio
  - Nó terminal oculto
  - 802.11 DCF diminui consideravelmente em redes multi-hop devido a colisões
  - Arquitetura de canal único
  - Limitada em termos de potência, capacidades computacionais e memória

- A topologia da rede de sensores muda com muita frequência
- Os nós sensores utilizam principalmente um paradigma de comunicação por difusão em vez de comunicações ponto a ponto
- Os nós sensores estão densamente implantados e são propensos a falhas
- O número de nós sensores pode ser várias ordens de grandeza superior ao dos nós das redes ad hoc
- Canais não sobrepostos utilizados por 802.15.4 e 802.11 na banda de frequência 2.4
- As RSSF são normalmente utilizadas para processos de monitorização periódica e não para o fluxo de dados
- Conceber para uma taxa de dados baixa para poupar energia, uma vez que as baterias de substituição são muito complicadas de substituir ou podem não poder ser substituídas.

Estas questões são tidas em conta na nossa simulação.

4.4.2 Procedimento de backoff DCF IEEE 802.11

O temporizador de retrocesso aleatório original é invocado quando se encontra um meio ocupado pelo mecanismo de deteção de portadora (CS) do DCF. Este será modificado para invocar a mudança de canal com base num critério de limiar definido. A implementação será efectuada no NS2 para multicanais e rádio único, utilizando a pilha de protocolos MAC existente e o trabalho realizado pelo GUI da rede cognitiva de rádio cognitivo (CRCN), SNR lab/Universidade Tecnológica de Michigan e o modelo Hyacinth. Nos projectos, foram criados vários objectos de canal através da biblioteca TCL. Os nós mudarão para diferentes objectos de canal durante o processo de simulação. Durante a inicialização da rede, todos os nós serão informados dos canais por um notificador de canais. O sensor de canais invoca o atribuidor aleatório depois de o notificador de canais atualizar o nó de todos os canais na rede e distribui uniformemente os rádios dos nós por um canal num formato de equilíbrio de carga. Quando um nó pretende transmitir e detecta que o meio está ocupado, recua e volta a tentar. Se o limiar da janela de contenção for atingido, o sensor invocará e a mudança de canal começará. Os nós mudarão para outros canais a fim de verificar se estão ocupados. Se outro canal estiver livre, um nó actualiza-se em relação ao seu nó vizinho no mesmo canal e transmite com base no procedimento MC-DCF da Fig. 4-1.

MC-DCF Procedure

<table>
<tr><td>Channel is free
Immediate Access</td><td>DIFS</td><td colspan="2">Data</td></tr>
<tr><td>Busy Channel</td><td>Back-off timer</td><td colspan="2">Contention window</td></tr>
<tr><td>Differ Access</td><td colspan="2">Threshold</td><td>Channel switching</td></tr>
</table>

Figura 4- 1: Procedimento MC-DCF.

4.4.3 Multicanal

Na abordagem de conceção, foram utilizadas atribuições dinâmicas. No que diz respeito à atribuição dinâmica, é atribuído a cada nó um canal para a transmissão de dados, uma vez enviados os dados, o nó não poderá mudar de canal. Poderá mudar de canal se estiver à procura de um canal disponível para transmitir e atualizar a sua informação sobre os nós vizinhos no mesmo canal. Cada nó saberá o número de canais disponíveis para comutação na inicialização. Ter uma atribuição dinâmica utilizando uma única interface pode proporcionar benefícios significativos de desempenho em relação a uma abordagem estática, uma vez que pode potencialmente utilizar informações instantâneas sobre tráfego ou interferência e reduzir o desperdício da preciosa largura de banda já limitada. Devido ao facto de as RSSF não poderem fornecer uma comunicação fiável e atempada com requisitos de elevada taxa de dados num único canal devido a interferências, colisões de rádio e largura de banda limitada, uma vez que se destinam principalmente a nós colocados numa área remota que enviam periodicamente dados para o anfitrião. Porquê multicanal em vez de 802.11 DCF que utiliza uma taxa de dados elevada? Como já foi referido, as RSSF são uma tecnologia emergente que se tornou uma das áreas de crescimento mais rápido na indústria das comunicações. A procura de utilização deste meio está a aumentar, com uma vasta gama de aplicações para monitorização, sistemas de vigilância e outros sistemas multimédia, como dados em fluxo contínuo ou em tempo real. Com isto em mente, foi utilizada a norma 802.11, que utiliza uma gama de débitos de dados. Quando a norma 802.11n se tornar popular, duas ou mais redes 802.11n a funcionar no mesmo local com uma rede 802.15.4 não deixarão nenhum canal 802.15.4 livre de interferências 802.11n.

4.4.4 Comutação de canais

Os nós não estão vinculados a um canal específico e têm a opção de alternar entre canais. A mudança de canal entre os nós emissores só ocorrerá depois de um limiar definido ter sido atingido durante o período de backoff. O rádio não muda durante a transmissão, o que pode causar a perda ou a corrupção do pacote de dados. Por conseguinte, durante a transmissão, o rádio permanecerá no canal até à conclusão da transmissão. No entanto, no nó recetor/sink node a comutação de canal será mais intensa, uma vez que o nó sink estará a receber dados de mais do que um nó fonte. O atraso na comutação dependerá do tamanho do pacote que está a ser recebido em cada interface. Considere-se, por exemplo, um pacote de dados de 1kb a ser aceite:

- O tempo gasto por 1 segundo seria 54x106
- Tempo necessário para transmitir um bit = tamanho do pacote/taxa de dados
- Tempo gasto por 1 bit $\frac{8000\,b}{54*10^6\,bps}$
- O rádio demorará 160ps a mudar para o canal seguinte

O impacto da mudança de canal será estudado a partir de cenários de simulação entre as fontes que estão a enviar dados diretamente para o sumidouro.

4.4.5 Modelação do sistema

Para desenvolver algoritmos de sensores para a atribuição de todos os canais às interfaces dos nós, verificação e comutação de canais, esta proposta utilizou o protocolo baseado em contenção 802.11 DCF, em que as decisões são tomadas com base no tamanho da janela e no algoritmo de backoff em múltiplos canais não sobrepostos num único rádio. O problema de uma rede baseada em contenção é que todos os nós disputam o mesmo meio. Os nós de vários canais disputam mais do que um canal em vez de um único canal. O mecanismo de backoff do DCF não pode fornecer um limite superior determinístico do atraso de acesso ao canal para as redes de sensores. A estratégia de contenção e backoff é injusta para os nós já existentes que estão a recuar. A implementação do sensor de canal e da comutação no mecanismo de backoff eliminará a estratégia injusta de backoff para todos os nós e um nó apenas se manterá atualizado com os seus nós vizinhos com alcance no mesmo canal. Esta abordagem é inovadora e, tanto quanto é do conhecimento deste autor, ainda não foi efectuada por qualquer outra investigação. O objetivo geral deste projeto é ter uma rede de sensores multicanal com 802.11, de modo a que os nós possam mudar de canal e evitar atrasos graves, perdas de pacotes, aumentar a taxa de transferência e ter opções de canal para transmitir, sem um programador central para atribuir canais. Uma vez que não se pode presumir que as fontes de tráfego sejam sempre constantes e que o tráfego pode ser de natureza intermitente.

4.4.6 Abordagem de conceção

O NS-2 é utilizado como plataforma de simulação. Na inicialização, todos os nós são informados do número de canais disponíveis através de um notificador de canais. Quando um nó necessita de transferir dados, o mecanismo Carrier Sense (CS) é invocado para determinar se o canal está ocupado ou inativo. Se o CS for zero, isso indica que o canal está ocioso; caso contrário, o canal está ocupado e será determinado como transmitindo dados. Durante o período de backoff do DCF original, o parâmetro da janela de contenção (CW) assumirá um valor inicial da janela de controlo (CWmin). O CW assumirá o próximo valor em série sempre que uma tentativa de transmissão mal sucedida fizer aumentar o contador de tentativas. Quando o CW atingir o valor máximo (CWmax), manter-se-á até que a janela seja reiniciada. No modelo proposto, o contador de tentativas atingirá o seu limiar após a terceira tentativa e mudará de canal com base nos parâmetros de conceção. Os nós entrarão em estado de espera se todos os canais estiverem ocupados.

Na Fig. 4-2, durante a inicialização da rede, o notificador de canais utiliza funções combinadas do sistema de gestão para obter informações sobre o número de interfaces na camada superior, invocando uma comunicação lógica com o meio do sistema de distribuição (DSM) [15] na subcamada MAC. O notificador de canais assume que todos os nós estão no mesmo conjunto de serviços básicos (BSS) e difunde todos os canais disponíveis no BSS. O atribuidor aleatório e a comutação de canais estão sob o controlo do sensor de canais que faz referência ao notificador de canais. O sensor invoca o atribuidor aleatório depois de o notificador de canais atualizar os nós de todos os canais na rede. O atribuidor mantém uma contagem de interfaces a partir da qual um algoritmo de distribuição uniforme determina a proporcionalidade para cada canal, ou seja, quantas interfaces para um canal. O atribuidor aleatório atribui aleatoriamente interfaces a canais durante o processo de inicialização. Cada nó mantém informação actualizada sobre os seus vizinhos no mesmo canal dentro do alcance, detectando o meio periodicamente e aprendendo sobre o meio através do mecanismo de deteção de portadora virtual [15]. O CS também determina o estado ocupado/ocioso do meio.

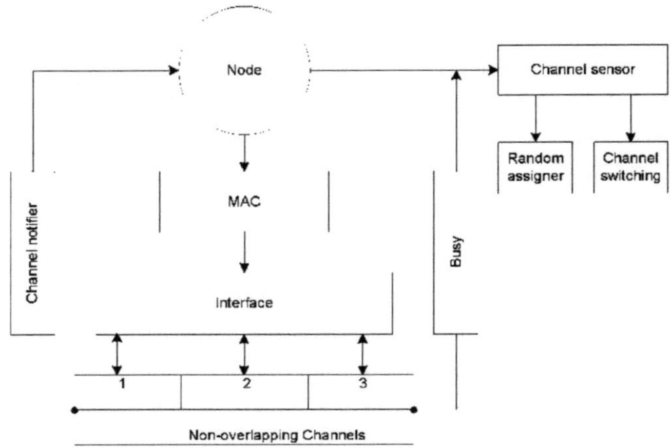

Figura 4-2: Modelo de conceção da MC-DCF.

Durante a atribuição de canais, em que *C* é o número de canais não sobrepostos disponíveis e *Ni* é o número de interfaces de nós a atribuir a canais dentro da IBSS (B).

$C = (C_1, C_2, C_3, \ldots C_n)$, em que *n* é o número de canais $N = (1, 2, 3, \ldots i)$ em que *i* é o número total de interfaces de nós. A equação de distribuição uniforme calculada é:

$$\frac{\sum_{i=1}^{C} N_i}{C} \tag{4.1}$$

Quando uma estação (STA) deseja transmitir e se sente ocupada, o CW deve adotar o valor seguinte na série sempre que uma tentativa de transmissão mal sucedida provoque o incremento do contador de tentativas da STA. O sensor de canal manterá um contador de tentativas e, depois de atingido o limiar definido, invocará o parâmetro de comutação de canal. A Fig. 4-3 mostra a janela de contenção com o limiar definido 2^6 -1.

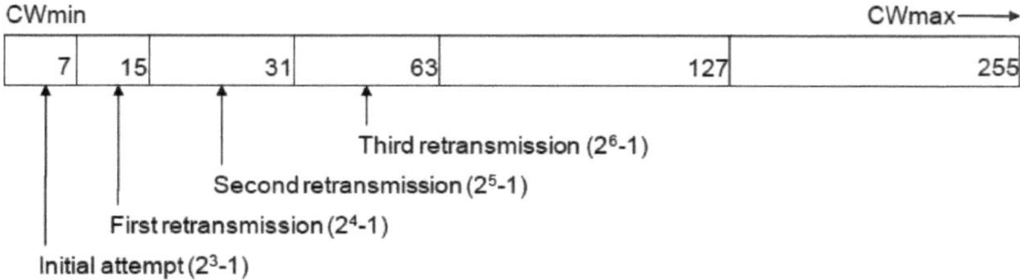

Figura 4-3: Janela de contenção com limiar definido 2^6 -1.

Na Fig. 4-4, se o nó A está a transmitir um pacote de dados e o nó B detecta que o meio está ocupado e espera, após a tentativa inicial de espera para transmitir, detecta o meio no canal que está a ser utilizado, tenta a primeira tentativa e detecta que o meio está livre de outras transmissões. O nó espera por um período DIFS (distributed inter-frame spacing) pré-determinado, uma vez que não detecta nenhuma outra transmissão antes do final do período DIFS, calcula um tempo de backoff aleatório entre os valores de CWmin e CWmax e, em seguida, inicia a sua transmissão. O nó C detecta que o meio está ocupado e faz repetidas tentativas de transmitir um pacote; o período de backoff calculado é duplicado a cada tentativa até que o limiar especificado seja atingido. Quando o limiar é atingido, o sensor de canal invoca a mudança de canal. A interface do nó sintoniza outro canal e detecta se o meio está ocupado. Se estiver ocupado, muda de canal, caso contrário prossegue com a transmissão. Se todos os canais estiverem ocupados, o nó reverterá para o tempo de backoff aleatório e definirá o seu temporizador de backoff usando a equação em [15].

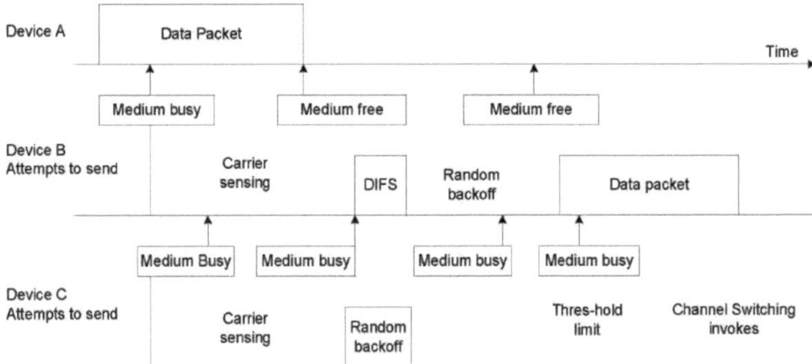

Figura 4-4: Período de contenção e mudança de canal.

Na Fig. 4-2, é proposto o modelo MC-DCF para as RSSF. Este modelo multicanal é uma técnica baseada na contenção num processo de função coordenada com deteção de portadora. Este modelo de backoff multi-canal acrescenta qualidades aos diversos mecanismos de resolução MAC da RSSF. É composto por três técnicas MC-DCF diferentes: notificador de canal, sensor de canal e canais não sobrepostos. Estas técnicas permitem que os nós tenham conhecimento dos canais disponíveis, mudem para outro canal e entrem em estado de espera quando nenhum canal está disponível.

As técnicas baseadas na contenção são melhor resolvidas por métodos preventivos, mas são mais difíceis de prever devido ao facto de todos os nós disputarem um único canal. Isto indica claramente que os sistemas multicanais com controlo de comutação, como se mostra na Fig. 4-5, proporcionarão o melhor controlo de acesso global necessário para aceder ao meio, reduzindo simultaneamente a colisão, o atraso e o problema dos nós ocultos nas RSSF. A ideia é conseguir um multiacesso, uma transmissão simultânea e manter uma boa qualidade de comunicação, que pode ser obtida desde que a distância entre o nó sensor e o nó sumidouro seja suficientemente curta e a intensidade dos sinais seja adequada.

Os desafios no controlo de acesso ao canal MAC, salientados anteriormente neste capítulo, e o algoritmo de backoff DCF associado aos canais na banda de frequência 2,4 podem ser atenuados pela combinação e integração dos modelos MC-DCF, como se mostra na Fig. 4-2 e na Fig. 4-5, associando-os ainda a outras aplicações em sistemas 802.11 WLAN e redes ad hoc.

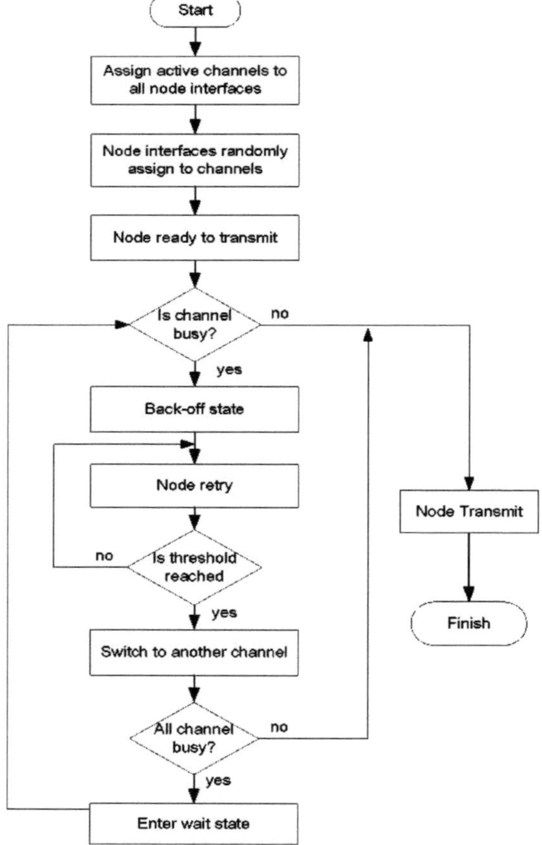

Figura 4-5: Diagrama de fluxo para a atribuição de canais.

4.5 Resultados e discussão

4.5.1. Procedimento de simulação

O MC-DCF, sendo o protocolo proposto para a Função Coordenada Distribuída Multi-canal, será simulado utilizando a plataforma de simulação NS-2. Como mencionado anteriormente, na inicialização todos os nós serão informados do número de canais disponíveis. Quando um nó pretende transferir dados, o mecanismo Carrier Sense (CS) é invocado para determinar se o canal está ocupado ou inativo. Durante o período de backoff, o parâmetro da janela de contenção (CW) atingirá o seu limiar após a terceira tentativa e mudará de canal. Um nó entrará num estado de espera se todos os canais estiverem ocupados.

O objetivo é investigar o desempenho multicanal num único salto (a qualidade da ligação), ou seja, a taxa de receção de pacotes. Neste capítulo, é analisado o desempenho do protocolo MC-DCF através de simulações extensivas com o NS2. São estudados diferentes cenários de simulação de acordo com três métricas de desempenho diferentes: débito agregado, rácio de entrega e atraso de acesso.

Os nós sensores são colocados aleatoriamente numa área de 1000x1000m2. O alcance do rádio está definido para 50m. A largura de banda do rádio é de 2Mbps. O número de nós é 100. O número de canais varia entre 3 e 10, uma vez que a máscara espetral apenas define restrições de potência de saída até ±11 MHz da frequência central a ser atenuada em 30 dB. Assume-se frequentemente que a energia do canal não se estende para além destes limites.

Os canais 802.11 têm efetivamente uma largura de 22 MHz, o que significa que as estações só podem utilizar cada quarto ou quinto canal sem sobreposição, normalmente 1, 6 e 11 nas Américas e, em teoria, 1, 5, 9 e 13 na Europa, embora 1, 6 e 11 também sejam típicos. No entanto, se os transmissores estiverem mais próximos uns dos outros, a sobreposição entre os canais pode causar uma degradação inaceitável da qualidade do sinal e do débito. Os protocolos MAC são o 802.11 DCF e o MC-DCF.

O tempo de simulação para cada cenário é de 500s. A taxa de transferência agregada é calculada como a quantidade total de dados entregues ao sumidouro por unidade de tempo pelo protocolo MAC e é calculada como:

$$\text{Aggregate throughput} = \sum_{i=1}^{n} \left(R_i \times \frac{B}{t} \right), \qquad (4.2)$$

em que n é o número de receptores R, a taxa de transferência é B/t, B são os bytes recebidos por um recetor i num determinado período de tempo e i = {1, 2, 3,...,n}. O rácio de entrega é o rácio entre o número total de pacotes recebidos pelos nós e o número total de pacotes transmitidos vezes o número de receptores e é calculado como

$$\frac{\sum_{i=1}^{n} R_i}{\sum_{i=1}^{n} S_i}, \qquad (4.3)$$

em que S_i significa a dimensão total dos dados do pacote CBR enviado pelo nó i, R_i significa a dimensão total dos dados do pacote CBR recebido pelo nó i.

O atraso de acesso é o tempo de backoff utilizado no DCF [15], o atraso de acesso também pode ser calculado como o tamanho do pacote x 8 (1 byte) dividido pelo tamanho da ligação mais o atraso de propagação que é

$$\frac{\text{packet size} \times 8}{\text{link size}} + \text{Propagation delay}. \qquad (4.4)$$

Os nós só transmitem para os nós vizinhos dentro do seu raio de ação, a transmissão num raio mais alargado pode consumir mais energia, o que não é desejado pelas RSSF, e também para eliminar a interferência na comunicação e os problemas de nós ocultos [2].

4.5.1 Análise do desempenho do MC-DCF proposto

Nos cenários de simulação, não se pressupõe a existência de grandes redes densamente implantadas; a rede é considerada para um sistema de vigilância por sensores com dados em fluxo contínuo. Os sistemas de vigilância são principalmente utilizados em organizações, parques e tráfego de veículos e não para monitorização remota. Neste caso, os nós estarão sempre estáticos e alimentados e, como tal, o esgotamento da vida útil da bateria não é considerado. O tráfego CBR será simulado e enviado a cada 2 segundos para evitar o transbordamento da memória intermédia e para replicar os dados em fluxo contínuo. A taxa de dados predefinida para o MC-DCF será de 2 Mbps.

As Figs. 4-6, 4-7, e 4-8, analisaram o desempenho do número de canais nas 3 métricas mencionadas contra o MMSN [82]. Zhou et al. introduziram o protocolo MAC multifrequência MMSN que foi concebido para RSSF. Trata-se de um protocolo CSMA com ranhuras e, no início de cada ranhura, os nós têm de disputar o meio antes de transmitirem. Observou-se que o atraso de acesso ao canal e a taxa de transferência agregada mostram que o MMSN tem um desempenho ligeiramente melhor do que o MC-DCF. O MMSN utiliza um pacote de tamanho reduzido de 30-50 bytes, o que contribui para o desempenho observado. Este facto demonstra que o MC-DCF terá um desempenho superior ao do MMSN na rede 802.11, caso ambos os protocolos funcionem com a taxa de dados (de 2 Mbps a 54 Mbps) das redes 802.11. O DCF 802.11 não apresenta grandes variações, uma vez que este protocolo funciona apenas num único canal. Na Fig. 4-8, o MC-DCF apresentou um melhor desempenho na taxa de entrega de pacotes do que o MMSN. Isto deve-se ao facto de a vantagem de uma taxa de dados mais elevada ter mais pacotes entregues e recebidos por cada nó.

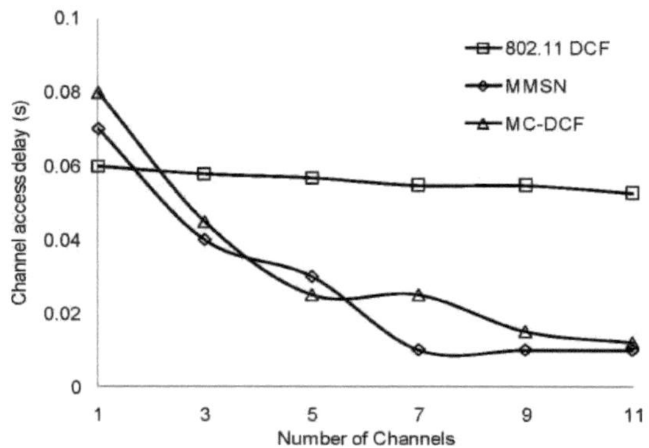

Figura 4-6: Impacto do atraso nos protocolos.

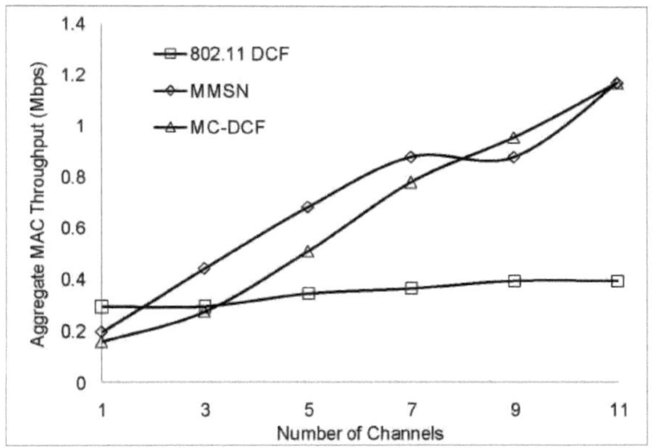

Figura 4-7: Impacto do rendimento nos protocolos.

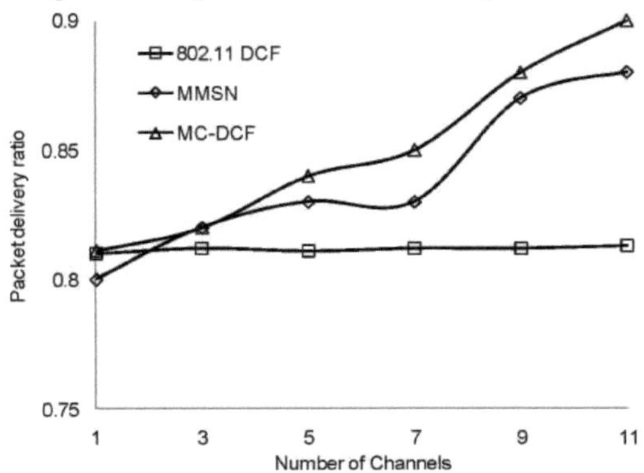

Figura 4-8: Impacto do rácio de entrega nos protocolos.

O estudo sobre o impacto do número de canais não sobrepostos na banda de frequência 2.4 da rede 802.11, em que o número de fluxos CBR variou, e os nós geram pacotes em direção ao nó de destino, com a opção de mudar de canal com base nos critérios do algoritmo de backoff MC-DCF. Na Fig. 4-9, quando a carga do canal atinge cerca de 30 fluxos CBR, não há muito efeito no que se refere ao atraso no 802.11 DCF e quando o MC-DCF utiliza 1 canal. A transmissão de demasiados fluxos de dados, utilizando um único canal, mostra que o sistema fica saturado devido ao recuo e ao excesso de buffer. MC-DCF e 802.11 DCF mostram um padrão de atraso semelhante. No entanto, a utilização de mais de um canal mostra uma redução do atraso no acesso ao canal e o facto de os canais suportarem mais carga e, após 45 CBR, ficarem saturados.

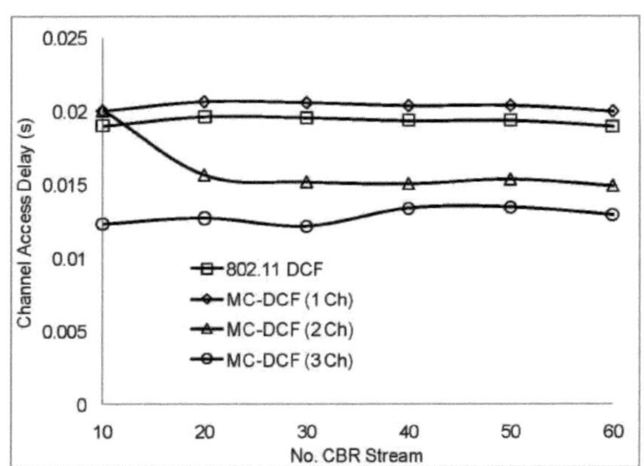

Figura 4-9: Impacto do atraso nos fluxos de CBR.

A Fig. 4-10 mostra que o rácio de entrega quando são utilizados 3 canais tem mais pacotes entregues em comparação com 1 e 2 canais. A utilização de 1 canal, como se pode ver no 802.11 DCF e no MC-DCF (1 canal), sofre uma degradação constante à medida que os fluxos CBR aumentam. Esta degradação resulta num retrocesso constante em que os nós estão a competir pelo mesmo canal, o que resulta numa maior perda de pacotes. Na Fig. 4-11, observa-se uma tendência semelhante, em que o MC-DCF com 3 canais tem um melhor rendimento agregado, em que são entregues mais dados ao nó recetor. A MC-DCF com um único canal tem um desempenho pior, com mais tentativas falhadas e menos dados entregues ao nó recetor. Isto mostrou que, com a modificação do algoritmo de backoff, em que os nós têm a opção de mudar de canal, se este procedimento se mantiver durante a utilização de um único canal, o backoff torna-se mais frequente, uma vez que o limiar é atingido muito mais rapidamente. Ao utilizar um único canal, a DCF 802.11 original teve um melhor desempenho do que a DCF MC-DCF de um único canal; a DCF original tinha a opção de atingir o tamanho máximo da janela CW antes de entrar em estado de espera.

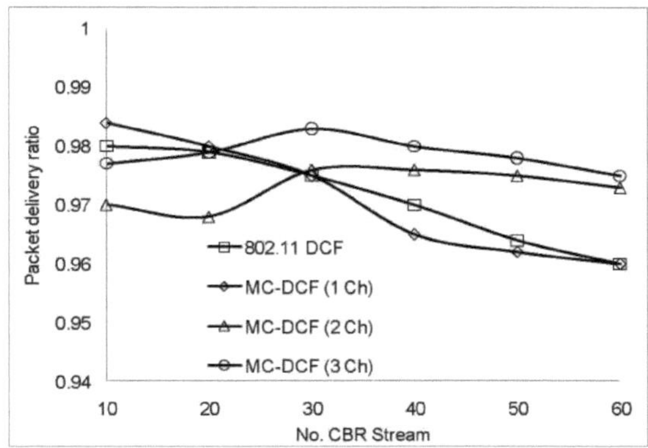

Figura 4-10: Impacto do rácio de entrega no fluxo CBR.

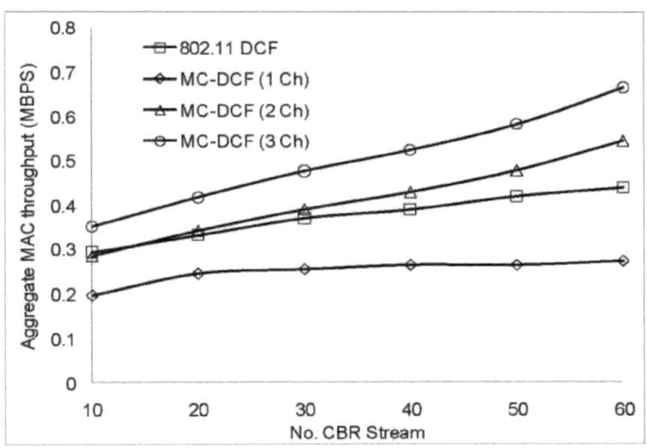

Figura 4-11: Impacto do débito em fluxos CBR.

Foram efectuadas mais simulações, variando o número de nós que enviam fluxos CBR a cada 2 segundos, de modo a analisar o efeito da densidade da rede. O MC-DCF teve um melhor desempenho quando os nós têm 3 canais para transmitir em simultâneo. A Fig. 4-12 mostra que o 802.11 DCF e o MC-DCF registam um atraso superior à medida que mais nós transmitem mais pacotes e a rede se torna mais densa. Quando 2 ou mais canais estão a transmitir, como se pode ver na Fig. 4-12, há uma melhoria relativa do atraso.

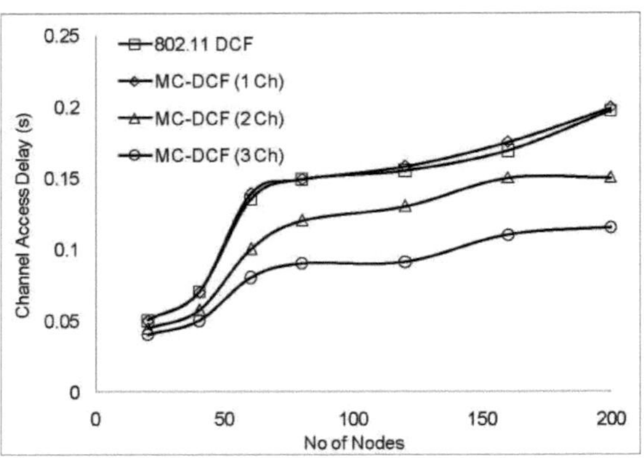

Figura 4-12: Impacto do atraso na densidade de nós.

A taxa de entrega de pacotes e a taxa de transferência agregada nas Fig. 4-13 e Fig. 4-14, respetivamente, mostram um melhor desempenho quando são utilizados 2 ou mais canais. Embora se registe um melhor desempenho com a utilização de 2 ou mais canais, quanto maior for o número de nós a transmitir pacotes através da rede, o desempenho começa a degradar-se. Isto não é invulgar, uma vez que os nós mudam de canal, recuam e entram em estado de espera, o que é a norma numa rede baseada em contenção. No entanto, de acordo com a Fig. 4-13, o desempenho do sistema ainda está dentro do limite para transmitir dados em fluxo contínuo para RSSF dentro da rede 802.11. Verifica-se uma média de aproximadamente 2,1% de degradação do rácio de entrega de pacotes, com um total de 97% de rácio de entrega para 3 canais. A taxa de transferência agregada em função da carga oferecida para 3 canais registou uma diminuição da taxa de transferência de 14%.

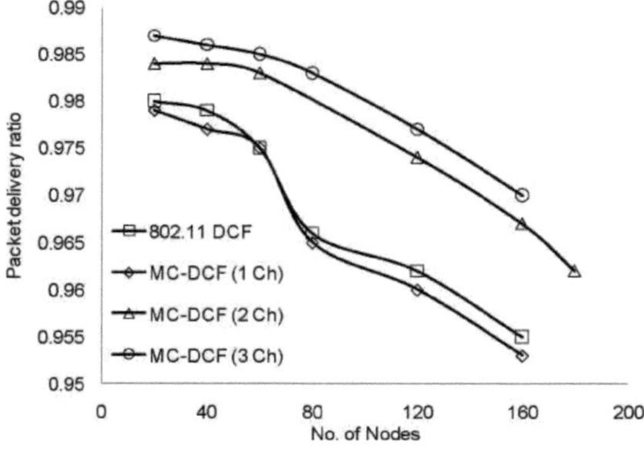

Figura 4-13: Impacto do rácio de entrega na densidade dos nós.

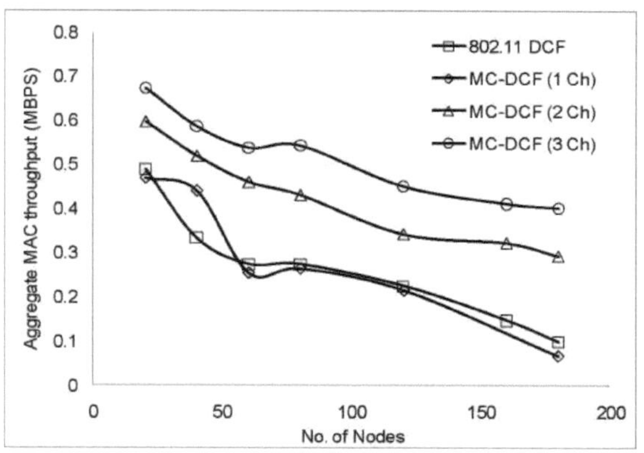

Figura 4-14: Impacto do débito na densidade de nós.

A Fig. 4-15 mostra um nó sumidouro com um único rádio a alternar entre canais para receber dados de mais do que um nó de origem. O desempenho da comutação de canais foi observado no sumidouro, variando o número de nós de origem de que o sumidouro necessita para receber dados.

Neste caso, foram considerados o atraso de acesso e o rácio de entrega de pacotes.

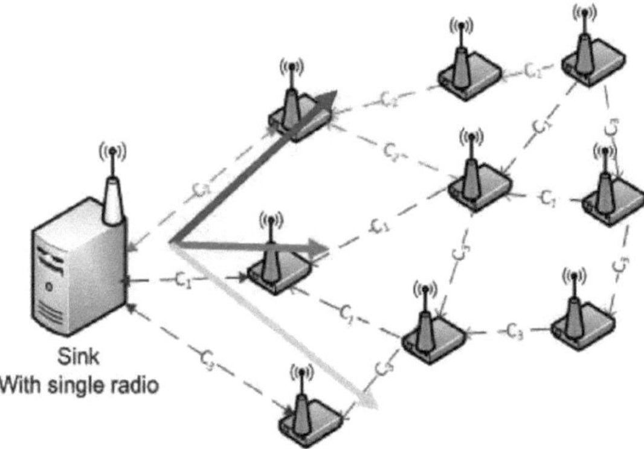

Figura 4-15: Nó sumidouro com um único rádio a fazer comutação de canal.

As Figs. 4-16 e 4-17 examinam o efeito do sumidouro que recebe dados diretamente de fontes dentro do seu alcance que estão a enviar dados para serem aceites. A partir da observação, quanto mais fontes entregam dados ao sumidouro, mais atrasos são encontrados e a taxa de entrega de pacotes diminui de forma semelhante. Isto deve-se ao facto de o nó de drenagem ter de estar constantemente a mudar de canal para receber dados, o que implica um grande atraso na mudança de canal mais o tempo necessário para aceitar os dados antes da mudança. A degradação da taxa de transferência de agregação que foi observada na simulação anterior em 2 ou mais canais pode ser explicada principalmente no nó de afundamento, onde se registaram atrasos graves. Isto resulta na perda de pacotes. Será necessário trabalhar mais neste domínio para melhorar a entrega de pacotes da fonte para o sumidouro num ambiente multicanal. As Figs. 4-16 e 417 mostram que o 802.11 DCF e o MC-DCF com um único canal tiveram um melhor desempenho do que os protocolos multicanal. Isto deve-se ao facto de o nó de drenagem estar a funcionar num modo de canal único, sem sobrecarga adicional e sem atrasos de comutação na receção de dados.

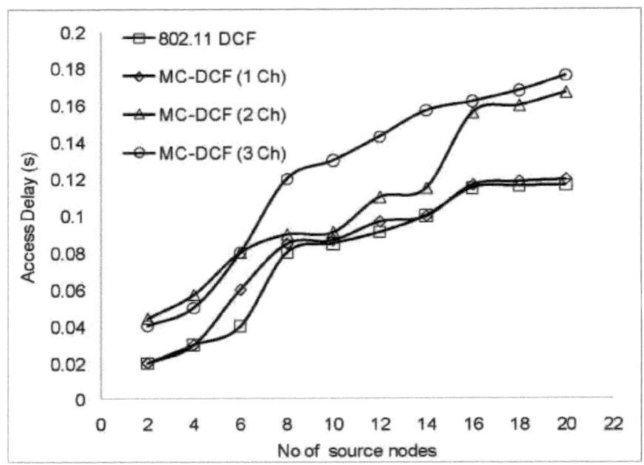

Figura 4-16: Atraso na receção de dados dos nós de origem pelo sumidouro.

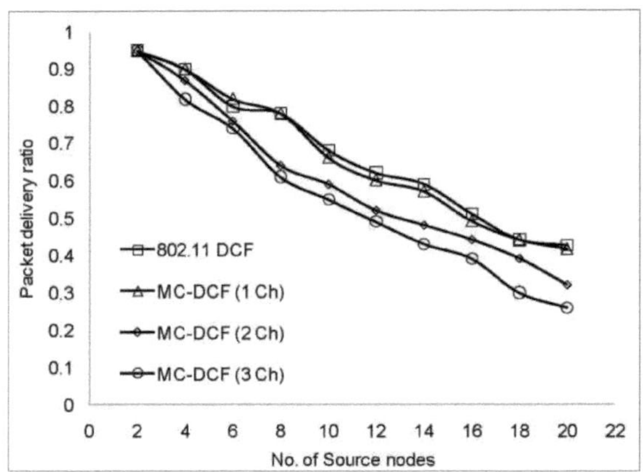

Figura 4-17: Rácio de entrega no sumidouro que recebe os pacotes dos nós de origem.

4.5.2. Análise do desempenho do 802.11a/b/g

Com as simulações acima referidas, verificou-se que as RSSF podem funcionar em redes 802.11 para sistemas de vigilância por sensores com dados em fluxo contínuo que não estejam densamente implantados. Os nós estarão sempre estáticos e alimentados e, como tal, o esgotamento da vida útil da bateria não é considerado. Considerar que a rede 802.11n pode causar problemas graves nas redes 802.15.4 e 802.11 que operam na mesma banda de frequências, porque a rede 802.11n tem várias caraterísticas novas, como a utilização de múltiplos fluxos de entrada e saída (MIMO) e a ligação de canais, que permitem atingir taxas de dados até 450 Mbps. São efectuadas simulações para analisar a intensidade do sinal com diferentes taxas de dados nas redes 802.11a/b/g. São utilizadas as mesmas métricas: atraso, rácio de entrega e débito agregado para analisar os desempenhos. O desempenho entre as redes ajudará a determinar o alcance, a taxa de dados e as redes 802.11 preferíveis para operar a RSSF, não necessariamente o sistema de vigilância por fluxo contínuo, para futuros problemas que possam surgir com o 802.11n.

Nos cenários de simulação, os nós sensores são colocados numa área de 1000x1000m2, o alcance e a largura de banda do rádio em cada cenário, a fim de determinar a intensidade de sinal adequada ao funcionar na rede 802.11 para RSSF. O número de nós é de 100 e o número de canais não sobrepostos é de 4, utilizando a banda de frequência de 2,400-2,4835 GHz do Reino Unido. O protocolo MAC MC-DCF proposto foi configurado para funcionar com a rede 802.11a/b/g para atribuição de canais e comutação do multicanal para analisar o impacto na rede 802.11a/b/g e o alcance do rádio.

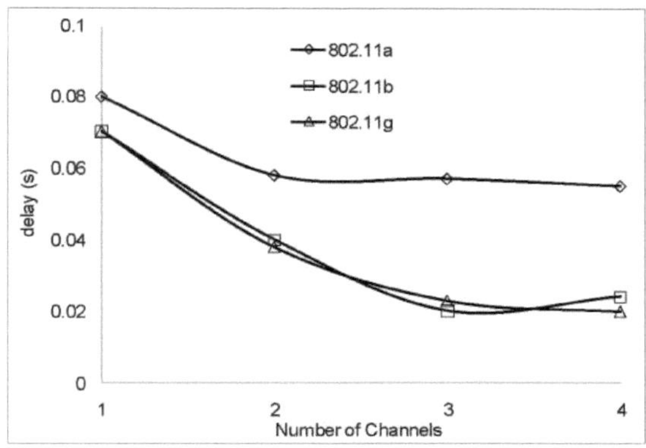

Figura 4-18: Atraso a 50 m de distância e taxa de dados a 2 Mbps.

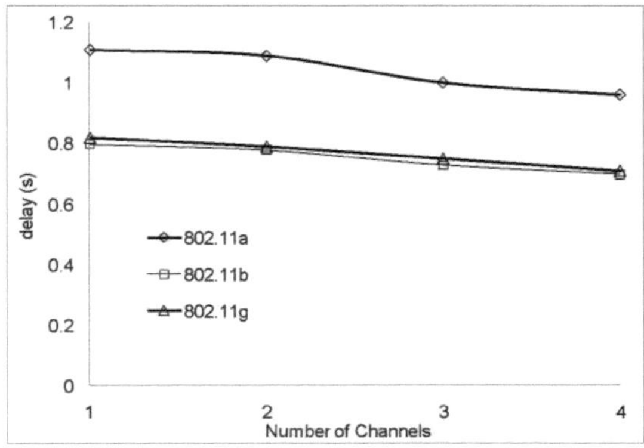

Figura 4-19: Atraso a 100 m de distância e taxa de dados a 2 Mbps.

Os resultados da experiência nas Figs. 4-18 e 4-19 mostram o atraso que ocorre quando se simula 2Mbps numa gama de 50 e 100m para 802.11a/b/g. A Fig. 4-20 mostra que o 802.11a registou um nível elevado de atraso em comparação com o 802.11b/g, que apresenta uma ligeira variação no atraso entre eles. Do mesmo modo, a 100 m de distância, o atraso entre as redes 802.11a/b/g mostra um aumento do atraso entre todas elas, com a 802.11a a registar um atraso elevado. O elevado atraso registado pela rede 802.11a deve-se ao facto de não ser retrocompatível com a rede 802.11b e de ter sido concebida para funcionar com uma velocidade de transmissão de dados mínima de 6 Mbps. Assim, o funcionamento com um débito de dados de 2 Mbps provoca a queda frequente de ligações e a degradação do serviço. O aumento do atraso registado por todas as redes na Fig. 4-19 indica que, a 100 m de distância, o sinal entre os nós é fraco, o que dificulta a transmissão e, consequentemente, a degradação das redes.

As Fig. 4-20 e 4-21 mostram o atraso que ocorre quando se simula a 10Mbps. Um padrão semelhante de desempenho é observado na faixa de 100 m, onde a degradação das redes é muito maior. No entanto, o 802.11a também apresenta uma melhoria no atraso, o que indica que o 802.11a funciona melhor a 6 Mbps e acima, mas o 802.11b/g apresenta um melhor desempenho, o que mostra que, se a qualidade do sinal se tornar um problema, o 802.11b/g pode recuar para uma taxa de transferência de dados inferior.

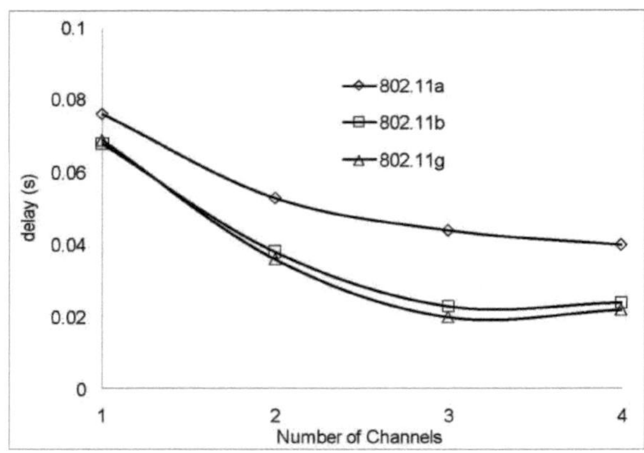

Figura 4-20: Atraso a 50 m de distância e taxa de dados a 10 Mbps.

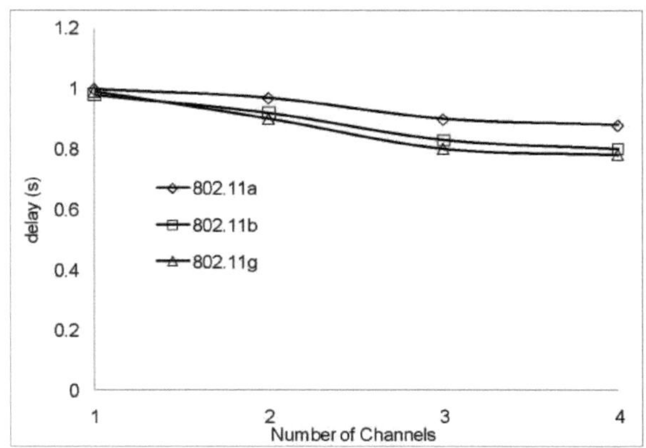

Figura 4-21: Atraso a 100 m de distância e taxa de dados a 10 Mbps.

As Figs. 4-22 e 4-23 mostram o atraso que ocorre a 54Mbps. Ambos os 802.11a/g apresentam um melhor desempenho do que o 802.11b, que parece não apresentar qualquer melhoria durante a simulação em todos os canais. Este facto mostra claramente que o 802.11b não pode funcionar com um débito de dados superior a 11 Mbps. Também com base nos resultados da simulação, a taxa de dados não tem um impacto positivo no funcionamento a 100 m de distância. A 100 m de distância, as redes registam um atraso elevado, o que degrada significativamente o sistema.

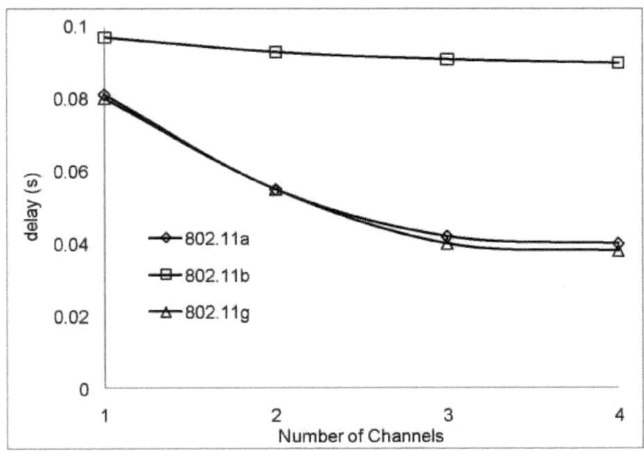

Figura 4-22: Atraso a 50 m de distância e taxa de dados a 54 Mbps.

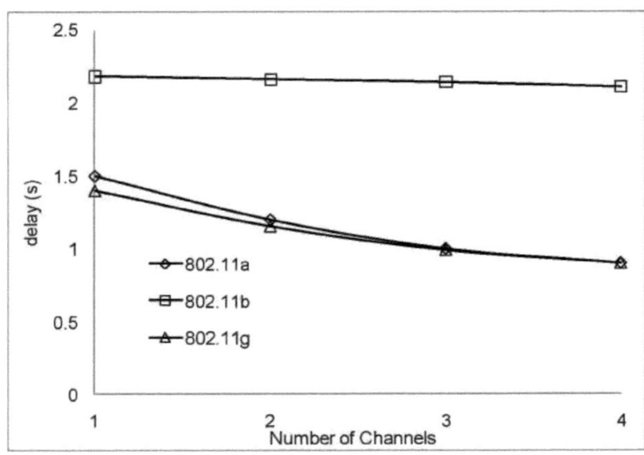

Figura 4-23: Atraso a 100 m de distância e taxa de dados a 54 Mbps.

Em todo o grupo de simulações, o impacto no atraso em diferentes gamas e canais mostra que se obtém um melhor desempenho na gama de 50 m do que na gama de 100 m em termos de atrasos. Além disso, quando são utilizados 2 ou mais canais sem sobreposição dentro da banda de frequência 2.4, obtêm-se desempenhos ainda melhores, como se pode ver nas Fig. 4-18, 4-20 e 4-22.

Os resultados de desempenho relativos à taxa de transferência agregada são apresentados de seguida. Os resultados foram simulados numa faixa de 50 e 100 m com diferentes taxas de dados, 2, 10 e 54 Mbps para 802.11a/b/g em 4 canais não sobrepostos. Os resultados mostram um padrão semelhante, em que a faixa de 50 m apresenta um melhor desempenho, com mais dados entregues nos nós receptores.

As Fig. 4-24 e 4-25 mostram que o desempenho do 802.11a é pior com uma taxa de dados de 2 Mbps. A Fig. 4-26 mostra que o desempenho de toda a rede a 10 Mbps tem ligeiras variações, com um débito máximo de 8,8 Mbps quando funciona com 4 canais não sobrepostos. Os resultados mostraram que, com o fluxo de dados de 2 em 2 segundos, com mais de um canal a uma velocidade de dados de 10 Mbps e com a opção de mudar de canal, é possível obter um desempenho elevado entre todas as redes. No entanto, a Fig. 4-27 mostra uma degradação significativa da rede quando está a funcionar a uma distância de 100 m com uma taxa de transferência agregada entre 0,1 e 1,75 Mbps. As Figs. 4-28 e 4-29, com uma taxa de dados de 54 Mbps com 802.11b, não mostraram qualquer reação de desempenho; mais uma vez, isto contribui para a taxa de dados máxima de 11 Mbps para 802.11b.

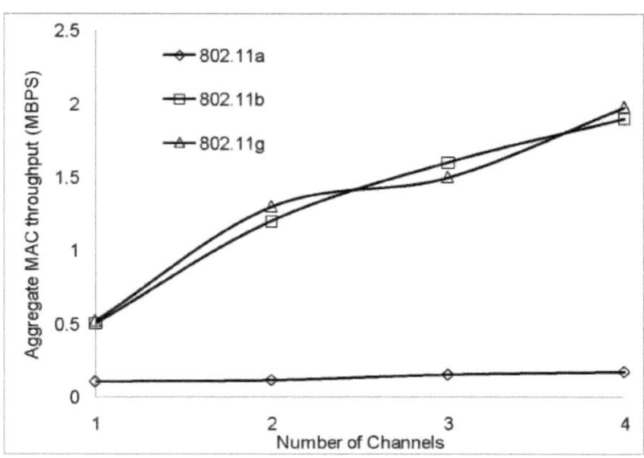

Figura 4-24: Taxa de transferência agregada a 50 m de distância e taxa de dados de 2 Mbps.

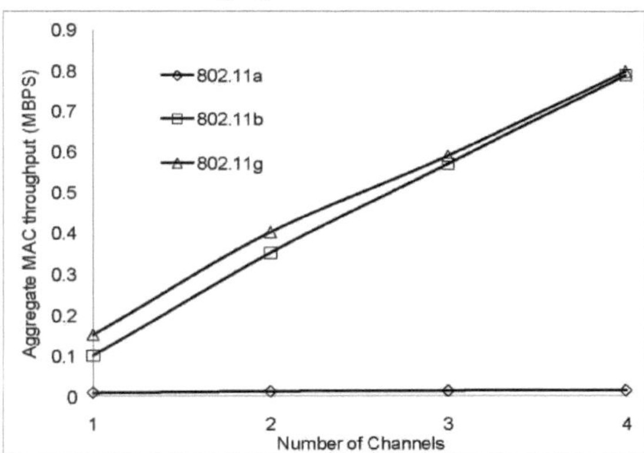

Figura 4-25: Taxa de transferência agregada a 100 m de distância e taxa de dados de 2 Mbps.

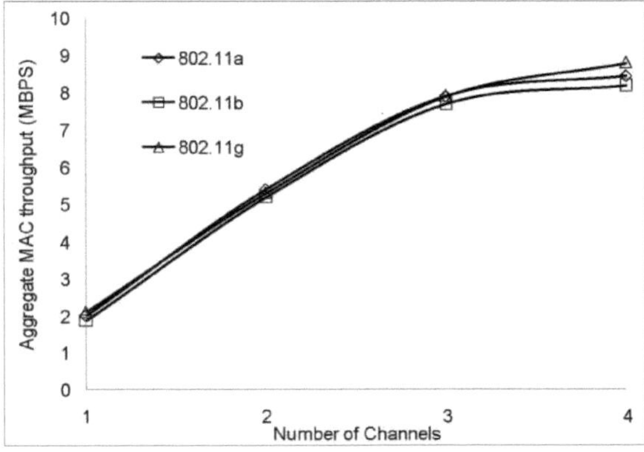

Figura 4-26: Taxa de transferência agregada a 50 m de distância e taxa de dados de 10 Mbps

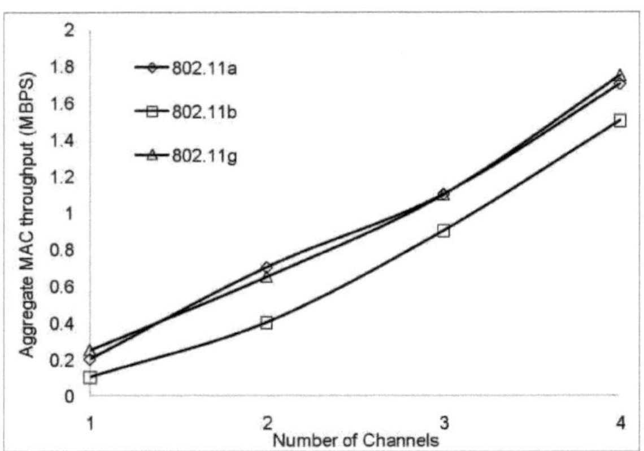

Figura 4-27: Taxa de transferência agregada a 100 m de distância e taxa de dados de 10 Mbps

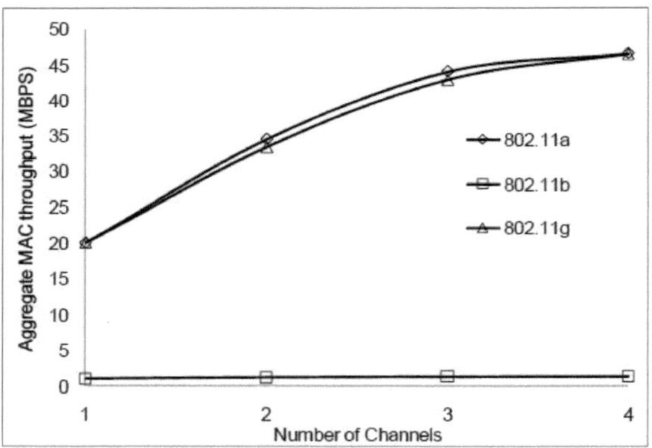

Figura 4-28: Taxa de transferência agregada a 50 m de distância e taxa de dados de 54 Mbps

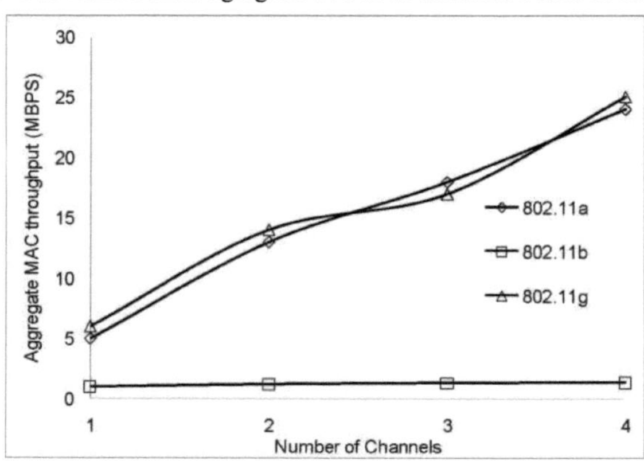

Figura 4-29: Taxa de transferência agregada a 100 m de distância e taxa de dados de 54 Mbps

Os resultados da taxa de entrega de pacotes são mostrados abaixo nas Fig. 4-30 - 4-35 em função do número de 4 canais sobrepostos. Os resultados são semelhantes aos da taxa de transferência agregada, na medida em que, quanto mais canais estiverem envolvidos na transmissão, mais pacotes são entregues. A 10 Mbps, na Fig. 4-32, todas as redes entregam um número quase semelhante de pacotes, com taxas de entrega entre 20 e 87%.

A Fig. 4-30 mostra que a taxa de entrega do 802.11a é inferior a 10%, uma vez que não tem um bom desempenho a menos de 6 Mbps. Da mesma forma, a taxa de entrega do 802.11b na Fig. 4-34 foi inferior a 10% a 54 Mbps. Isso ocorre porque o 802.11b tem uma taxa máxima de dados brutos de 11 Mbps. Todas as redes têm um desempenho fraco abaixo de 50% de taxa de entrega quando operam a 100 m de distância a 2, 10 e 54 Mbps de taxa de dados, como se pode ver nas Fig. 4-31, 4-33 e 4-35.

Isto mostrou claramente que a rede baseada em contenção tem um desempenho fraco quando o alcance da comunicação é superior a 50 m. Além disso, a sobrecarga adicional sofrida durante a mudança de canal, juntamente com o alcance da distância, afecta o desempenho. Há muitos factores que podem influenciar o desempenho da entrega de dados em redes sem fios, sem exceção para as RSSF: o ambiente, a topologia da rede, os padrões de tráfego, etc. Além disso, a banda de frequência de 2,4 GHz já está sobrelotada com actividades de outras redes que partilham a mesma banda não licenciada. As RSSF têm um melhor desempenho a curta distância e, com um fluxo contínuo de dados, a transmissão a longa distância pode sofrer muitos dos factores mencionados que resultam num mau desempenho e, como tal, a transmissão a longa distância não é recomendada para as RSSF.

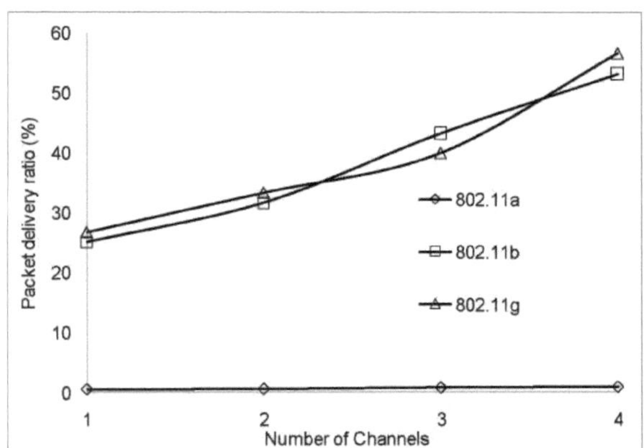

Figura 4-30: Rácio de entrega a 50 m de distância e taxa de dados de 2 Mbps.

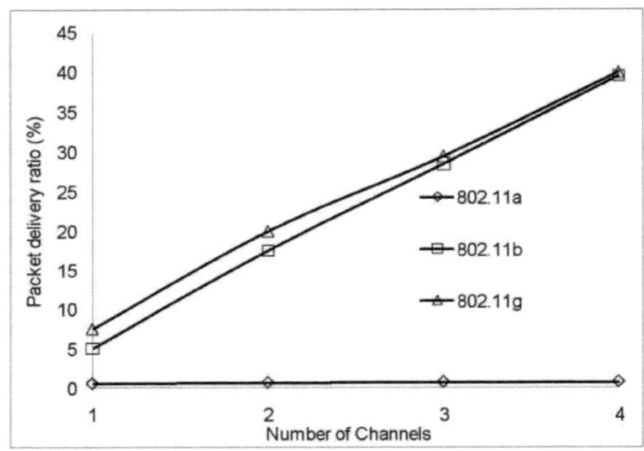

Figure 4-31: Delivery ratio at100m range and data rate of 2Mbps.

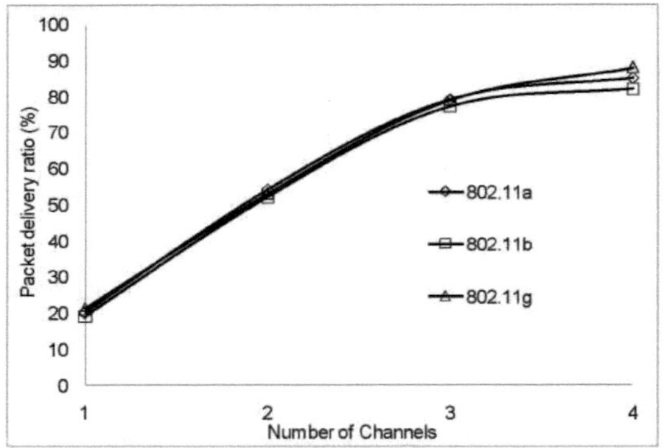

Figure 4-32: Delivery ratio at 50m range and data rate of 10Mbps.

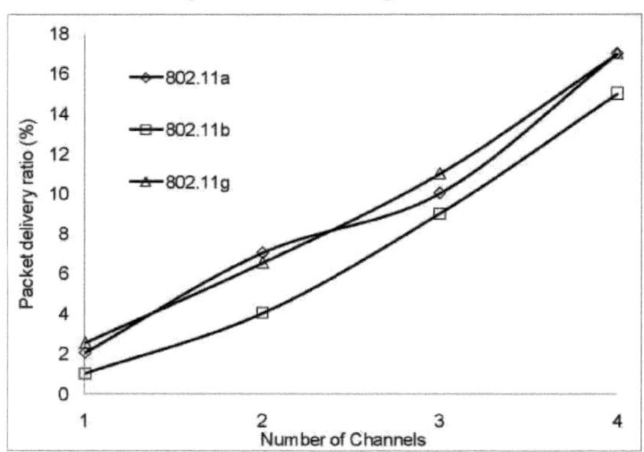

Figura 4-33: Rácio de entrega a 100 m de distância e taxa de dados de 10 Mbps.

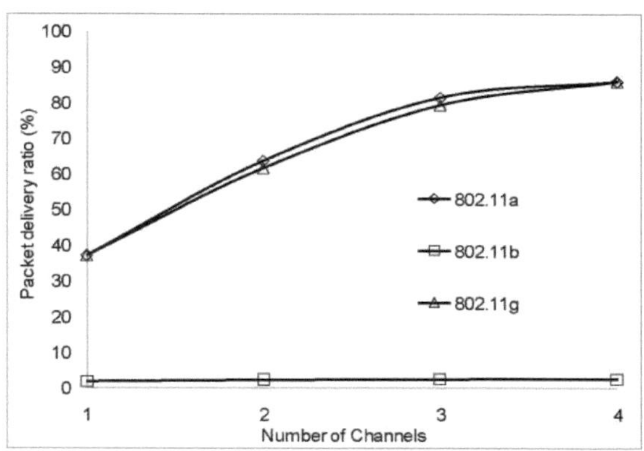

Figure 4-34: Delivery ratio at 50m range and data rate of 54Mbps.

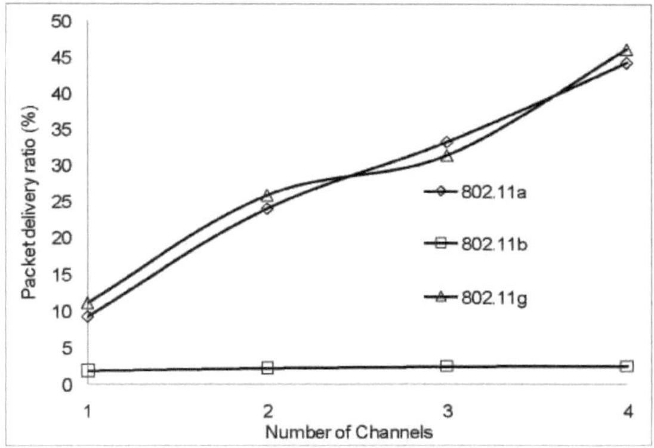

Figura 4-35: Rácio de entrega a 100 m de distância e taxa de dados de 54 Mbps.

4.6 Conclusões

Neste capítulo, é proposto o MC-DCF que é um algoritmo de backoff para acesso multicanal baseado nos protocolos 802.11 DCF. Este algoritmo permite que o nó tenha acesso a múltiplos canais não sobrepostos, acedendo a canais dinamicamente através da comutação de canais, após ter sido atingido um determinado limiar. Durante a conceção do MC-DCF, foi analisada e discutida a necessidade de atribuição de múltiplos canais nas RSSF, onde o futuro sistema de vigilância por sensores com dados em fluxo contínuo pode ter dificuldade em funcionar na rede 802.15.4 devido ao congestionamento da banda de frequência de 2,4 GHz mais frequentemente utilizada. Os resultados da simulação revelaram-se inúteis para o futuro desenvolvimento neste domínio das redes 802.11. Observou-se que se obtém um melhor desempenho quando se utiliza o MC-DCF na análise do impacto das RSSF na rede 802.11. O MC-DCF foi ainda testado em redes 802.11a/b/g a diferentes distâncias e taxas. Observou-se que, a uma distância de 50 m com 10 Mbps, todas as redes tiveram um bom desempenho. Globalmente, a rede 802.11g teve um bom desempenho com todas as velocidades de transmissão de dados, o que se deve ao facto de ter o legado adicional de retrocompatibilidade com a rede 802.11b, tendo sido obtida uma taxa de entrega de até 80%.

De um modo geral, a MC-DCF demonstrou uma capacidade proeminente de utilizar a transmissão multicanal para o futuro com 802.11 para um sistema de vigilância por sensores sem fios de baixo custo, fiável, fácil de gerir, fácil de implementar e que pode processar dados de vídeo para alertas automáticos em tempo real.

Os investigadores poderão atingir o objetivo de funcionamento independente e a longo prazo das redes de sensores com esta limitação. Além disso, o 802.11 poderá funcionar na mesma banda de frequências com a capacidade do 802.15.4, que se prevê que venha a ter graves problemas quando as redes 802.11n propostas se tornarem populares.

4.7 Agradecimentos

O trabalho foi apoiado pelo NAP do Conselho de Investigação da Coreia para a Ciência e Tecnologia Fundamentais.

Capítulo 5

Multi-rádio multicanal utilizando o acesso aos meios de comunicação baseado em 802.11 para nós de drenagem em redes de sensores sem fios

5.1 Visão geral

A próxima geração de sistemas de vigilância e multimédia será cada vez mais implantada como redes de sensores sem fios para monitorizar parques, locais públicos e para utilização comercial. A convergência de dados e telecomunicações em redes baseadas em IP abriu caminho para as redes sem fios. As funções estão cada vez mais interligadas devido à força da inovação e da tecnologia. Por exemplo, muitos sistemas de vigilância de instalações de televisão em circuito fechado baseiam-se agora nas suas imagens e dados através de redes IP, em vez de circuitos de vídeo autónomos. No futuro, estes sistemas aumentarão a sua fiabilidade em redes sem fios e em redes IEEE 802.11. No entanto, devido à limitação dos canais não sobrepostos, aos atrasos e ao congestionamento, haverá problemas no nó de ligação. As condições necessárias para verificar a exequibilidade da técnica round robin nestas redes no nó de ligação, utilizando a técnica para regular a atribuição de multicanais multi-rádio (MCMR). Demonstração, através de simulações, de que o esquema de atribuição dinâmica de canais utilizando o multirrádio e o multicanal nos nós de drenagem pode ter um desempenho próximo do ótimo, em média, enquanto a atribuição de múltiplos nós de drenagem também tem um bom desempenho. Os métodos propostos neste documento podem ser uma ferramenta valiosa para os projectistas de redes no planeamento da implantação da rede e para otimizar diferentes objectivos de desempenho.

5.2 Introdução

As redes de sensores sem fios são conhecidas por terem alcances de transmissão limitados e por se organizarem de forma ad hoc. Quando um sensor sem fios não consegue chegar diretamente ao recetor, depende de outros nós sensores para retransmitir os dados entre eles. Presume-se que têm fontes de energia limitadas porque dependem de baterias que podem ou não ser substituídas. As redes de sensores sem fios são constituídas por um grande número de sensores [1,3-6,86], cada um deles equipado com a capacidade de detetar o ambiente físico, processar dados e comunicar sem fios com outros sensores. O número de nós numa rede de sensores é significativamente maior do que noutras redes sem fios; a diferença pode ser de várias ordens de grandeza. Os sensores são normalmente dispositivos de baixo custo com grandes limitações no que respeita à fonte de energia, à potência, às capacidades de cálculo e à memória. Os sensores são normalmente instalados de forma densa e a probabilidade de falha é normalmente muito maior. Os sensores são normalmente estacionários e não estão em constante movimento, mas a topologia pode mudar frequentemente devido à falha de um nó.

O capítulo anterior e os trabalhos [87-88] estudaram a comunicação multicanal com base no 802.11 DCF sobre um único rádio para redes de sensores sem fios, a fim de melhorar o seu desempenho de comunicação em termos de débito, atraso extremo-a-extremo e atraso no acesso ao canal. O algoritmo de backoff proposto, MC-DCF, permite que o nó tenha acesso a múltiplos canais não sobrepostos, acedendo a canais dinamicamente através da comutação de canais após ter sido atingido um determinado limiar. Estes trabalhos centram-se no fluxo de dados de alta velocidade que seria considerado para o sistema de vigilância por sensores que seria implementado em organizações, parques e tráfego de veículos e não para monitorização remota. Por esta razão, foram considerados nós estáticos que estão sempre alimentados e, como tal, o esgotamento da vida útil da bateria não foi considerado. No capítulo anterior, o desempenho do MC-DCF analisou os canais não sobrepostos na métrica mencionada em comparação com outros protocolos, estudou o impacto do número de canais não sobrepostos na banda de frequência 2,4 da rede 802.11, analisou a densidade da rede, examinou o efeito do nó de destino que recebe dados diretamente de fontes dentro do seu alcance e, finalmente, foi feita uma análise do desempenho do 802.11a/b/g. Observou-se que o MC-DCF tinha tido um mau desempenho na receção de dados no nó do sumidouro devido a um único rádio que tinha de estar constantemente a mudar de canal e, como tal, era necessário trabalhar mais nesta área para melhorar o desempenho no sumidouro. Também se observou que, a uma distância de 50 m com 10 Mbps, todas as redes tinham um bom desempenho. Neste capítulo, o objetivo é melhorar a grave degradação que se verificou no nó do sumidouro e a relação entre as ligações de comunicação a partir de uma abordagem baseada em grafos; esta abordagem foi formalmente modelada por investigadores e o que se segue será considerado para melhorar o modelo MC-DCF:

- Vários lava-loiças com um único rádio
- Lavatório único com vários rádios
- Um único lavatório com vários rádios de forma circular
- Pia múltipla com multi-rádios

Estas soluções melhoram a contenção, a largura de banda limitada e a interferência, que são algumas das barreiras que impedem a entrega bem sucedida de grandes quantidades de dados. O protocolo MAC multicanal foi concebido para proporcionar um elevado rendimento e uma elevada taxa de entrega durante o tráfego de alta velocidade na rede IEEE 802.11, que é normalmente utilizada como pontos de acesso (AP) ou em chefes de agrupamento em redes de sensores. Nos nossos estudos, as RSSF utilizam uma taxa de bits constante (CBR) para o fluxo de dados que imita a vigilância e os dados multimédia das redes de sensores, o que se prevê que venha a constituir um problema significativo para o funcionamento em redes mais pequenas, como a IEEE 802.15.4, e quando a IEEE 802.11n se tornar popular no futuro. Explorar a melhor utilização possível é um problema difícil, mas prevê-se que, no futuro, as RSSF sejam utilizadas em dispositivos portáteis, como os telemóveis, para detetar e interagir com o ambiente, a fim de garantir a segurança das pessoas que se deslocam em zonas como parques ou zonas solitárias e lançar alertas para o pessoal de segurança.

Vários trabalhos têm sido dedicados aos problemas das redes de sensores, mas não para redes 802.11 de elevado débito de dados, como no capítulo anterior. Estes trabalhos analisaram o controlo da topologia [89-90], a gestão da energia [91,44], o conhecimento da energia e o encaminhamento ótimo [92-99]. Recentemente, os trabalhos concentraram-se na atribuição de multicanais [58,7582,84,100,102]. A comunicação multicanal é um método eficiente para eliminar a interferência e a contenção no meio sem fios, permitindo transmissões paralelas em diferentes canais de frequência. A maioria dos trabalhos sobre multicanal concentra-se em:

- Abordagem estática em que cada interface é fixada permanentemente ou durante um longo período de tempo num canal.
- Abordagem dinâmica, que permite que as interfaces mudem de canal de vez em quando para explorar a máxima diversidade de canais.
- Abordagem híbrida, em que uma interface fixa num canal é utilizada para controlo e troca de pacotes. As outras interfaces são utilizadas para alternar entre os restantes canais para a transmissão de dados. Outras abordagens híbridas consistem em duas partes; uma parte trata das questões MAC e a segunda parte é um algoritmo de atribuição distribuída.

O resto deste capítulo está organizado da seguinte forma: trabalho relacionado, modelo do sistema e formulação do problema, resultados da simulação e discussões e, finalmente, conclusão e trabalho futuro.

5.3 Trabalhos relacionados

A abordagem de rádio múltiplo multicanal em redes sem fios baseadas no IEEE 802.11 tem sido amplamente estudada por vários investigadores e pode ser classificada em abordagens centralizadas e distribuídas. A abordagem centralizada foi ainda classificada como:

- Baseado no fluxo
- Baseado em gráficos
- Baseado em partições

Uma abordagem baseada em fluxo centralizado apresentada em [58,74,103-104] propõe um algoritmo centralizado de atribuição conjunta de canais e roteamento multipercurso. O algoritmo de atribuição de canais considera primeiro as extremidades com carga elevada. O algoritmo de encaminhamento utiliza tanto o encaminhamento pelo caminho mais curto como o encaminhamento aleatório por vários caminhos, que é um conjunto de caminhos utilizados entre qualquer par de nós comunicantes. O algoritmo conjunto de atribuição de canais e de encaminhamento multipercurso prossegue de forma iterativa. No entanto, o seu algoritmo baseia-se em heurísticas e não se conhece o limite de pior desempenho para o seu desempenho. Para além disso, o seu esquema não oferece garantias de atribuição equitativa da largura de banda. No entanto, um estudo de simulação mostra que, com a utilização de apenas 2 NIC por nó, é possível obter um fator de melhoria de até 8 vezes no rendimento global da rede, quando comparado com o convencional NIC único por nó em redes ad hoc sem fios. Esta solução está intrinsecamente limitada a um único canal de rádio. Em [74], parte-se do princípio de que não existe suporte de sistema ou hardware que permita a uma interface de rádio mudar de canal por pacote. Assumem também que uma interface de rádio é capaz de mudar de canal rapidamente e é suportada pelo software do sistema. A sua avaliação demonstra que o nosso algoritmo pode efetivamente explorar o aumento do número de canais e rádios, e tem um desempenho muito melhor do que os limites teóricos do pior caso. Kodialam et al [103] definem um problema normal de fluxo multi-commodity numa rede MC-MR; assumem que a procura de tráfego para diferentes pares origem-destino é dada sob a forma de um vetor de taxas. Nos seus algoritmos, não é claro se é possível otimizar conjuntamente o encaminhamento, a atribuição de canais de ligação e a programação de forma distribuída.

Uma abordagem centralizada, baseada em grafos, foi proposta em [56-57,105], em que as ligações e os nós são considerados como arestas e vértices de um grafo, respetivamente, na formulação da atribuição de rádios e canais, atribuindo arestas a vértices. A limitação desses métodos é que é muito difícil capturar informações sobre a carga da rede com um modelo de grafo. Abordagens centralizadas baseadas em fluxo de rede podem ser encontradas em [58,74] e [103], onde o multicanal multirádio é modelado com base em fluxos de rede para superar as limitações associadas às abordagens baseadas em grafos. Estas abordagens não são realistas, uma vez que se assume que as fontes de tráfego são constantes a todo o momento, enquanto o tráfego da rede pode ser de natureza intermitente. Mahesh et al [105] analisaram o problema da atribuição de canais e do mapeamento rádio-canal em redes em malha sem fios multi-rádio. Argumentaram que uma atribuição de canais independente do tráfego, que proporcione uma topologia conectada e com baixa interferência, pode servir de base para uma utilização dinâmica, eficiente e flexível dos canais e rádios disponíveis. Em [78], uma abordagem simples para resolver este problema é a atribuição comum de canais (CCA), que pressupõe que as interfaces de rádio em cada nó são atribuídas ao mesmo conjunto de canais. Isto leva a uma utilização ineficiente dos canais no caso típico em que o número de interfaces por nó é menor do que o número de canais. Outra abordagem baseada em grafos, estudada em [57], numa avaliação exaustiva através de simulações, mostra que os cenários multirrádio produzem ganhos de desempenho superiores a 40% em comparação com uma atribuição estática de canais. Em [106], os autores abordaram a coexistência de interfaces heterogéneas e introduziram um novo modelo gráfico baseado em rádio que capta a heterogeneidade das interfaces.

Uma abordagem de partição [107] concebe um novo algoritmo que tira partido da capacidade multirrádio inerente às redes em malha sem fios (WMN). A abordagem de partição [107] concebe um novo algoritmo que tira partido da capacidade multirrádio inerente às redes em malha sem fios (WMN). No entanto, terão de permitir a atribuição dinâmica de canais, o que exigirá que os algoritmos de atribuição de canais funcionem em linha e de forma distribuída.

Uma abordagem multicanal centrada num gateway distribuído e em vários rádios foi desenvolvida por [13] e [14], em que os gateways em malha são considerados como sumidouro e fonte de dados. Estas abordagens consideram a coexistência de mais do que uma interface de rádio da mesma norma homogénea num router em malha e utilizam mais do que um canal ortogonal disponível. Em [106], os autores abordaram a coexistência de interfaces heterogéneas e introduziram um novo modelo gráfico baseado no rádio que capta a heterogeneidade das interfaces. Formularam também a programação, o encaminhamento e a atribuição de canais como um problema de otimização. Os seus resultados mostram uma melhoria da capacidade da rede, preservando a equidade ao nível dos nós. Em [108], a rede consiste num conjunto de encaminhadores sem fios estacionários, alguns dos quais actuam também como gateways para a Internet. Assumem que os caminhos entre os routers e as gateways foram pré-determinados, por exemplo, o mecanismo de ligação vizinho-interface em [13], que pode ser utilizado para determinar os caminhos e a topologia lógica da rede. No seu trabalho, a implementação pode ser centralizada ou distribuída. No caso da implementação distribuída, cada nó é responsável por atribuir os canais óptimos a algumas ligações. Uma das vantagens distintas deste algoritmo é o facto de ter a capacidade de atribuir os canais não sobrepostos e também os canais parcialmente sobrepostos. Isto permite que a banda de frequência IEEE 802.11 seja totalmente utilizada.

5.4 Formulação do problema

Foi estudado o problema da conceção de um algoritmo eficiente e distribuído para ultrapassar a grave degradação no nó de ligação quando se utiliza um único rádio para mudar para múltiplos canais. O objetivo é obter um melhor desempenho em termos de atraso, débito e taxa de entrega de pacotes. Nos trabalhos anteriores [87-88], o rádio único comuta os nós para receber dados de outros nós emissores em canais diferentes. Os resultados obtidos no sumidouro a partir dos nós emissores revelaram que o desempenho do MC-DCF é muito fraco. Os nós de origem próximos do sumidouro sofrem atrasos graves na entrega dos pacotes ao sumidouro. Isto deve-se ao facto de mais do que um canal entregar pacotes ao nó de destino que opera num único rádio, onde a comutação entre canais causou a acumulação de congestionamento, criando um estrangulamento. O problema será resolvido no nó de drenagem das seguintes formas

5.4.1 Vários nós sumidouros

O número de nós sumidouros aumentará para recolher dados dos nós receptores. Os nós sumidouros serão equipados com um único rádio e terão de efetuar a mudança de canal da mesma forma que em [87-88]. A vantagem é que todos os dados dos remetentes serão recebidos por mais nós receptores localizados em posições estratégicas. Isto eliminará o fardo encontrado por um único nó sumidouro.

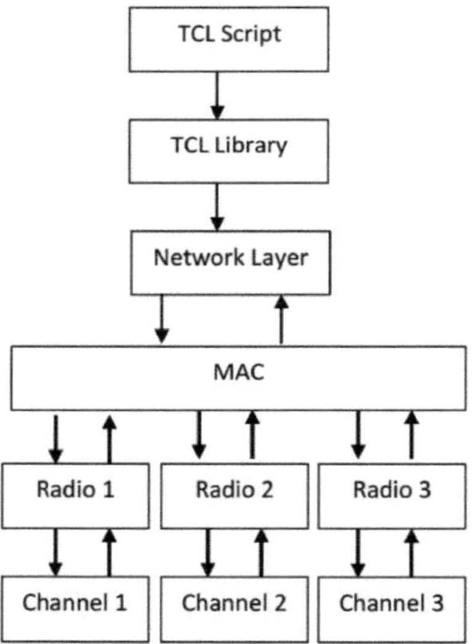

Figura 5-1: Descrição geral do projeto para Multi-rádio multicanal

Serão atribuídas várias interfaces de rádio no nó de ligação para receber dados de cada canal não sobreposto. Cada rádio é atribuído a um canal de cada nó emissor. Isto eliminará a mudança de canal para todos os nós emissores através de uma única interface de rádio. A Figura 5-1 mostra a modificação no MAC da pilha de protocolos MACs existente [73] para incorporar múltiplos rádios. Um novo componente é adicionado para definir o rádio e o número do rádio é definido no script TCL do NS2. É também criado um novo campo no MAC, no cabeçalho do pacote, para indexar o objeto canal. Isto ajuda a evitar conflitos ou a reduzir as interferências entre nós vizinhos. Para reduzir a interferência na comunicação, os nós dentro do alcance de comunicação detectam a rede e efectuam a mudança de canal, como ilustrado em [87-88] e no capítulo 4.

Foi tido em consideração que não é prático ter sempre o mesmo número de rádios e o mesmo número de canais. A praticidade depende do tamanho da rede. Uma rede de média ou grande dimensão pode ter mais nós a enviar dados para o sumidouro.

Tirando partido das caraterísticas físicas do ambiente de rádio, o mesmo canal pode ser reutilizado por dois ou mais nós, desde que estes estejam suficientemente espaçados. Para evitar a interferência de co-canais, foram utilizados canais não sobrepostos. Uma vez que os nós têm conhecimento de todos os canais no arranque e são capazes de mudar de canal com base num critério definido em [87-88], os nós que enviam pacotes para o sumidouro são definidos para operar num determinado canal. Todos os nós são colocados em locais onde estão ao alcance do sumidouro, mas separados por intervalos suficientes entre os nós que enviam. A razão para tal disposição é garantir que a comutação da interface de rádio entre nós no mesmo canal evite a interferência co-canal.

Formalmente, os problemas de atribuição de canais foram modelados como:

- Baseado em gráficos [109-110], em que os vértices V correspondem a nós e as arestas correspondem a pares de estações cujas áreas de transmissão se intersectam.
- A base em anel [110] é considerada uma forma de vetor em que o tamanho do anel é uma sequência de n vértices.
- A grelha [110] é considerada uma forma de representação vetorial de tesselações de um plano com polígonos regulares, em que o tamanho da grelha tem linha (r) e coluna (c) indexadas de cima para baixo e da esquerda para a direita. A grelha baseada pode ser classificada como:

  - Bi-dimensional
  - Celular
  - favo de mel

- Baseado em árvores [110] um grafo unidireccionado T= (V, E) é uma árvore livre quando está ligado e tem exatamente |V|-1 arestas.

Todas estas técnicas de atribuição utilizaram vários problemas de coloração de vectores que se baseiam em progressões aritméticas para resolver os problemas de atribuição de canais.

5.4.2 Comutação multi-rádio

A RSSF considerada em [87-88] é formada por nós estáticos e um nó sumidouro. A atribuição multicanal será apresentada de duas formas. Uma forma, cada nó sumidouro está equipado com um único rádio e pode mudar de canal para receber pacotes de dados. A outra forma, o nó sink está equipado com múltiplas interfaces de rádio e tem um canal distinto atribuído a cada rádio. No entanto, os nós transmissores para o sumidouro permanecem no mesmo canal e não podem mudar de canal durante a transmissão. No caso de ocorrerem alterações ou falhas em qualquer nó ou interface de rádio, o nó de drenagem actualiza-se sobre as alterações.

O problema multicanal multi-rádio (MCMR) pode ser modelado como um grafo não direcionado, em que os vértices representam os rádios que constituem a rede sem fios e um conjunto de arestas não direcionadas entre os vértices representa a ligação entre os nós. O objetivo é evitar que os nós no mesmo canal tentem enviar para a mesma interface de rádio. Os nós são numerados para evitar conflitos. A transmissão é efectuada internamente com base no número. A modelação de grafos unidireccionais [108] tem sido utilizada para modelar a atribuição de canais em redes sem fios.

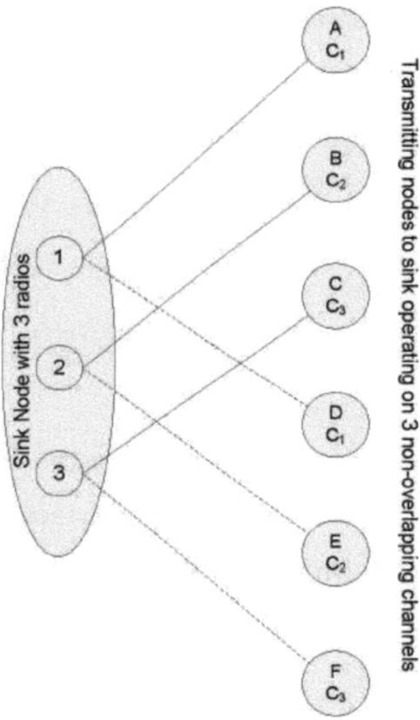

Figura 5-2: Nó sumidouro com 3 rádios a receber de 6 nós emissores em 3 canais não sobrepostos $(C_1 , C_2 , C\ )_3$

Considere-se um grafo G = (V, E) em que V é o conjunto de rádios sem fios no nó de drenagem e L é o conjunto de ligações de comunicação entre rádios e nós transmissores. Por exemplo, existem três interfaces de rádio no nó do sumidouro, como ilustrado na fig. 5-2 $R_{1...i}$, cada interface de rádio corresponde a um ou mais nós de extremidade $N_{i...x}$ mas apenas uma ligação pode estar ativa num dado momento. A linha quebrada representa a ligação inativa e só se torna ativa quando o rádio associado muda para o canal ativo desse nó. Cada nó transmissor é atribuído a um canal e cada rádio só muda para um nó no mesmo canal. Um rádio pode receber um pacote de dados de mais do que um nó no mesmo canal. A ligação rádio deriva da seguinte forma: $R_i \leq N_{xn}$, onde x e n são o número do nó e do canal, respetivamente. Consequentemente, apenas três ligações na fig. 5-2 podem estar activas em simultâneo. Se D, E, F tentarem transmitir quando A, B, C estão a transmitir, ocorre um problema de coloração do gráfico de conflito de ligações rádio. Para evitar a ocorrência de um problema de coloração do grafo de conflito, a cada extremidade (E) ligada a um vértice (V) é atribuída uma cor diferente. No caso de haver dois E ligados a cada V, são-lhes atribuídas cores Verdadeiro e Falso, o que significa que todos os Verdadeiros podem ser transmitidos ao mesmo tempo e todos os Falsos ficam inactivos. A cor falsa torna-se ativa quando a ligação de rádio passa para a extremidade inativa.

Notação	**Descrição**
N	Representar nós
X	O número de nós de envio para o sumidouro
C	Representar canais
N	O número de canais não sobrepostos
R	Representar a rádio
I	O número de rádios
L	Representar ligações
l	O número de ligações
G	O gráfico
V	O vértice do gráfico
E	A aresta do gráfico
I	O número de arestas disponíveis

Tabela 5-1: Tabela de notação.

Algoritmo 1: Relação entre duas ligações de comunicação utilizando G = (V, E).

G representa um grafo, enquanto V representa vértice e E aresta(s).

- Para este algoritmo, V é um único vértice e E pode ser igual ou superior a 2 ($E \geq 2$).
- A equação G = (V, E) pode, por conseguinte, ser substituída por $G = (V, E_I)$, em que o subscrito "I" representa a variável relativa ao número de arestas disponíveis.

A metodologia gráfica é utilizada para exprimir a relação entre duas ligações de comunicação (representadas por E na equação) que enviam dados para um único recetor de rádio (representado por V na equação) de forma não simultânea. Por conseguinte, em nenhum momento devem ambas as ligações de comunicação estar activas na interface comum recetor/rádio. O algoritmo apresentado a seguir representa um sistema que utiliza duas ligações de comunicação ou bordos.

O objetivo é garantir que apenas uma ligação de comunicação esteja ativa em cada momento. O algoritmo é apresentado num formato de semi-programação.

```
Integer E1; /*E one of E_I*/
Integer E2; /*E two of E_I*/
Integer Communication_Link_Active_Status;
Integer Communication_Active_Link;
Integer Communication_Link_Not_Active_Status = 0;
```

```
Start Program;
POLLING_TX _ACTIVE_STATUS /*Program location*/
Poll (Communication_Link_Active_Status);
If (Communication_Link_Active_Status == 1);
{
Goto (ACTIVE_TX_SELECT);
}
Else
{
Goto (POLLING_TX _ACTIVE_STATUS);
}
ACTIVE_TX_SELECT /*Program location*/
While (Communication_Link_Active_Status == 1);
{
   Poll (Communication_Link_Active);
     If (Communication_Link_Active == 1);
     {
       E2 = Communication_Link_Not_Active_Status;
     }
     Else
     {
        If (Communication_Link_Active == 2);
        {
        E1 = Communication_Link_Not_Active_Status;
        }
     }
     Poll (Communication_Link_Active_Status);
}
Goto (POLLING_TX _ACTIVE_STATUS);
End Program;

Keys:
Goto = Jump to program location (Location Name)
Poll = Check the status flag (Status Flag Name)
```

As ligações unidireccionais são consideradas entre o nó de destino e os nós de transmissão. Cada nó de origem está equipado com um único rádio, mas tem acesso a vários canais. O nó sumidouro, que representa o servidor, está equipado com um conjunto de interfaces de rádio de receção. A capacidade de transmissão bem sucedida entre o emissor e o recetor dentro do alcance sem fios é denotada por um conjunto de ligações lógicas (L) com C canais disponíveis. Um vetor binário é definido como $L_{l:l}$ o número de ligações a um canal C_n ; n o número de canais, como se segue:

$$L_{(l-1)}C + n = \begin{cases} 1, \ if \ l^{th} \ link \ uses \ the \ n^{th} \ channel \\ 0, \ Otherwise \end{cases} \quad (5.1)$$

Para n = 1,...C, l = 1,...,L

Uma vez que só pode ser atribuído um canal a cada ligação lógica l, entre as listas de elementos

$L_{(l-1)}C + 1, L_{(l-1)}C + 2 \ldots, L_{lC},$ apenas um deles é igual a 1 e os restantes são iguais a 0. Por conseguinte, as seguintes restrições de igualdade:

$$L_{(l-1)}C + 1 + \cdots + L_{(l-1)}C + n = 1, \forall\, l = 1 \ldots, L \quad (5.2)$$
$$\Rightarrow AL = 1$$

A dimensão da matriz A depende da ligação no mesmo canal que utiliza a mesma interface de rádio. A ligação ativa é sempre igual a 1 e 0 caso contrário. Por conseguinte, para cada linha da matriz A, uma das entradas é igual a 1 e 0 no caso contrário.

A segunda restrição é imposta pelas interfaces de drenagem. As interfaces de sumidouro são a solução do problema de ligação entre interfaces e nós. A restrição exige que algumas ligações de um determinado nó utilizem o mesmo canal e rádio. Isto é, se duas ligações, y e z, de um dado nó são designadas para usar o mesmo rádio, então estas duas ligações precisam ser designadas para o mesmo canal. Isso pode ser expresso como:

$$L_{(y-1)}C + n = L_{(z-1)}C + n, \quad \forall\, n = 1 \ldots, C \qquad (5.3)$$
$$\Rightarrow \mathrm{BV} = 0$$

Para cada linha da matriz B, duas das entradas são iguais a 1 e -1, respetivamente, e todas as outras entradas são iguais a 0. A dimensão de B depende do número de pares de ligações que partilham uma interface de rádio comum. A definição do vetor em (1) e as restrições de igualdade em (2) e (3) formam o seguinte conjunto viável não vazio.

$$\varphi = \{L : l \in \{0,1\} \cap AL = 1 \cap BL = 0\} \quad (5.4)$$

Qualquer um dos φ representa uma atribuição de ligação viável a uma interface de rádio na mesma atribuição de canal.

Consideremos duas ligações arbitrárias quaisquer d e e, e os seus elementos associados no vetor V. Dois vectores C x 1 foram definidos da seguinte forma

$$V_d = \left[L_{(d-1)}C + 1\; L_{(d-1)}C + 2 \ldots L_d C\right]^T$$

$$V_e = \left[L_{(e-1)}C + 1\; L_{(e-1)}C + 2 \ldots L_e C\right]^T \qquad (5.5)$$

$R_{i\,x\,i}$ define como a matriz de rádio no sumidouro. O elemento R_{AD} Є [0, 1] representa a porção da interface de rádio entre os nós A e D para comutar no mesmo canal C_n. R é uma matriz simétrica e os seus elementos diagonais são todos iguais a 1. Se os nós A e D estiverem atribuídos às ligações d e e, respetivamente, então

$$V_d^T R\, V_e = r_{AD} \quad (5.6)$$

Por exemplo, utilizando os três canais não sobrepostos, ou seja, C = 3. R torna-se uma matriz unitária 3 x 3. Se a duas ligações arbitrárias d e e for atribuído o mesmo canal, então $V_d^T R\, V_e = 1$. Caso contrário, o produto será igual a zero.

5.5 Resultados da simulação e discussões

As simulações utilizarão o modelo de conceção do capítulo 4 e o trabalho em [87-88], onde o DCF 802.11 original foi modificado para conceber um protocolo MC-DCF melhorado baseado na contenção para efetuar a comutação de canais num ambiente de rádio único multicanal. Este ambiente será melhorado no nó de ligação, onde anteriormente se observou que a comutação de canais entre nós por um único rádio no nó de ligação provoca uma degradação grave. Este facto resulta num atraso e numa taxa de entrega de pacotes elevados, o desempenho do protocolo MC-DCF no sink será analisado através de simulações com o NS2 [18]. Foi utilizado o modelo de rádio 802.11 do NS2; este modelo tem uma topologia e um gerador de tráfego diferentes. Foram estudados diferentes cenários de simulação de acordo com três métricas de desempenho diferentes: débito agregado, rácio de entrega e atraso de acesso. Os nós sensores foram colocados aleatoriamente numa área de 1000x1000m2. O alcance do rádio é definido para 50m, as simulações são efectuadas durante 500s em cada cenário e a largura de banda do rádio é de 10Mbps. Estas definições foram mantidas a partir do capítulo 4 e do trabalho em [87-88], onde também se observou que o MC-DCF teve um bom desempenho dentro do alcance e da taxa mencionados, em comparação com outros alcances e taxas. O número de nós é 100. Os números de canais utilizados são três não sobrepostos do IEEE 802.11 que foi utilizado no nosso trabalho anterior [87-88] e que são utilizados para comparar com o resultado atual e medir a melhoria do desempenho. Uma vez que a máscara espetral apenas define restrições de potência de saída até ±11 MHz da frequência central a ser atenuada em 30 dB. Assume-se frequentemente que a energia do canal não se estende para além destes limites. Estas simulações utilizam nós estáticos para imitar uma rede de sensores de vigilância com fluxo de dados de elevado débito que seria implantada em organizações, parques e tráfego de veículos com nós que estão sempre alimentados, pelo que o consumo de energia dos nós se baseia na potência de saída de ±11 MHz.

Com as melhorias introduzidas no(s) nó(s) de destino para receber dados diretamente dos nós de envio dentro do alcance, os resultados da simulação atual foram comparados com os resultados anteriores em [87-88] e no capítulo 4 para determinar o nível de desempenho em percentagem, ou seja, os novos resultados menos os resultados anteriores divididos pelos resultados anteriores multiplicados por 100 (NR-PR/PR*100). A partir das soluções formuladas e das equações derivadas para melhorar a degradação no nó de drenagem encontradas no trabalho anterior, as soluções que obtêm um melhor desempenho serão consideradas como a opção mais viável para o futuro MC-DCF.

5.5.1 Vários sumidouros com um único rádio

No capítulo anterior, foi analisado o efeito da receção, pelo sumidouro, de dados provenientes de fontes dentro do seu raio de ação que estão a enviar dados para serem aceites. Observou-se que quanto mais fontes enviavam dados para um único sumidouro, mais atrasos eram registados. Neste cenário, o número de nós do sumidouro aumentou para receber dados de fontes dentro do alcance dos nós do sumidouro. Não foi feita qualquer modificação ao protocolo MC-DCF, exceto aumentar o número de sumidouros para três, cada um com um único rádio e fazer a comutação de canais como no capítulo anterior. A simulação durou 500 segundos e todos os nós enviaram CBR a cada 2 segundos.

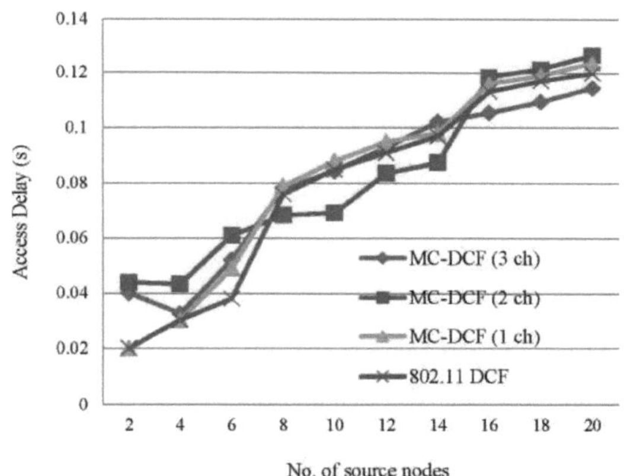

Figura 5-3: Impacto do atraso dos nós de origem quando se utilizam múltiplos sumidouros com uma única interface de rádio.

A Fig. 5-3 mostra o impacto do atraso com o aumento do número de nós sumidouros que estão a receber pacotes de dados de nós emissores dentro do alcance. Observou-se que, com três canais, houve uma redução de 53% no atraso do lado do sumidouro, em comparação com o elevado nível de atraso registado no capítulo anterior, quando se utilizou apenas um nó sumidouro. Na mesma figura 5-3, com dois canais a enviar dados das fontes, registou-se uma melhoria de aproximadamente 32% no atraso. O canal único e o 802.11 DCF apresentam pequenas melhorias. Isto indica que o desempenho do canal único não melhora com o aumento do número de nós receptores, uma vez que as decisões se baseiam na reposição do tamanho da janela, no recuo, nos estados de espera e no facto de todos os nós estarem a competir pelo mesmo meio. O MC-DCF com comutação de múltiplos canais e interfaces de rádio simples pode produzir um melhor desempenho quando se utilizam múltiplos sumidouros em comparação com o canal único, que mostra um melhor desempenho no capítulo anterior.

A Fig. 5-4 mostra uma melhoria de mais de 41% para três canais com rácio de entrega de pacotes quando o número de sumidouros aumenta em três, em comparação com o nó de sumidouro único no nosso trabalho anterior. Com dois canais a enviar dados das fontes para os sumidouros, houve uma melhoria de mais de 25% em comparação com o fraco desempenho obtido com um único canal. Do mesmo modo, quando o atraso com um único canal não apresenta melhorias significativas, a taxa de entrega de pacotes não apresenta grandes melhorias.

A taxa de transferência agregada na fig. 5-5 do sistema global com os nós de origem a enviar para os sumidouros mostrou que, com três canais, foram entregues mais 38% de dados ao sumidouro do que com um único canal. O canal único, em todos os casos, não registou qualquer melhoria significativa com o aumento do número de nós de drenagem para receber dados dos nós de origem.

Ao analisar o impacto do MC-DCF com um a três canais em comparação com o 802.11 DCF original, observou-se que o aumento do número de nós de ancoragem resulta numa melhoria quando são utilizados dois ou três canais. Houve pouca ou nenhuma melhoria utilizando um único canal ou a FCD 802.11 original, que funciona apenas num único canal. A razão para esta melhoria reside no facto de cada ponto de receção ter menos dados para receber dos emissores. A mesma quantidade de dados simulada no trabalho anterior estava a ser enviada para um único nó de drenagem. O melhoramento provou que o aumento do número de nós de sink obteve um melhor desempenho, uma vez que a carga de tráfego se dividiu para ser recebida por mais nós de sink. Por conseguinte, a comutação de canais por um único rádio tem menos dados a recuperar, pelo que se gasta menos tempo a alternar entre canais de emissores e a fila de espera de pacotes de dados foi reduzida.

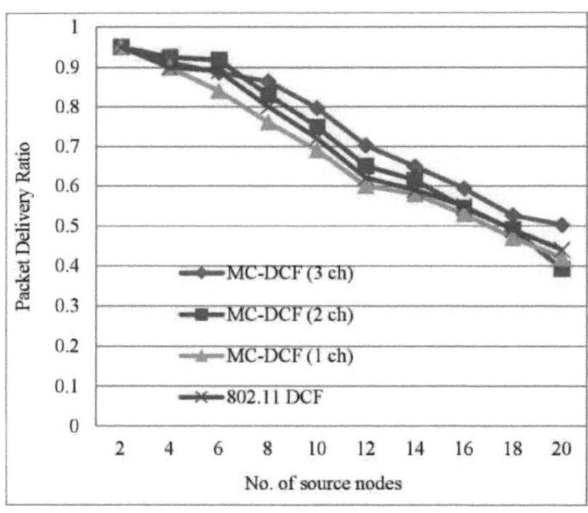

Figura 5-4: Impacto do rácio de entrega das fontes quando se utilizam múltiplos sumidouros com uma única interface de rádio.

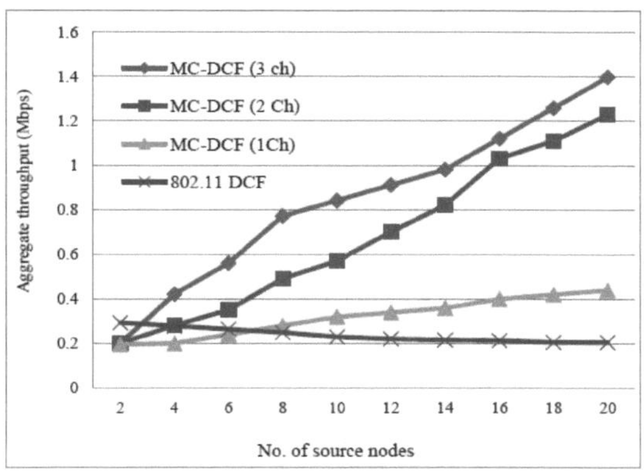

Figura 5-5: Taxa de transferência do sistema global utilizando vários nós sumidouros com uma única interface de rádio.

5.5.2 Lavatório único com vários rádios

No segundo conjunto de simulações, foi utilizado um único nó de ligação e o número de interfaces de rádio do nó de ligação foi aumentado para três. A Fig. 5-6 mostra o nó de drenagem com três interfaces de rádio. Cada interface é atribuída a um canal e três nós de envio são atribuídos a cada canal para criar um mapeamento de um para um contra a interface. Neste caso, não é necessário mudar de canal. Cada remetente para o sumidouro permanece no referido canal durante toda a simulação. Isto permite um fluxo constante entre o nó emissor e a interface de rádio.

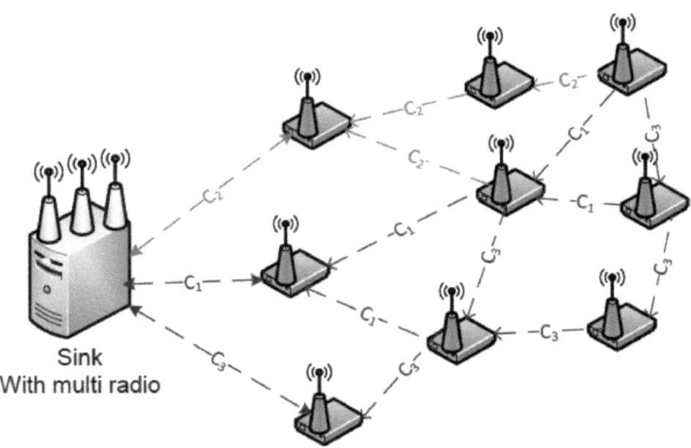

Figura 5-6: Nó de sumidouro único com vários rádios.

A Fig. 5-7 mostra o impacto do atraso quando o MC-DCF utiliza um único sink com três interfaces de rádio para receber dados de pacotes, o que cria um mapeamento de um para um na receção de dados dos nós de envio. A MC-DCF com um único rádio do trabalho anterior tinha de efetuar a comutação de canais para receber dados quando dois ou mais canais não sobrepostos estavam a enviar dados para o sumidouro. O resultado do capítulo anterior mostrou que, quando eram utilizados dois ou mais canais, o desempenho era fraco; a repetição deste desempenho é mostrada na Fig. 5-7, exceto que apenas três fontes foram atribuídas para enviar dados para as três interfaces, em que cada interface e cada nó é atribuído a um dos canais não sobrepostos. No entanto, quando se utiliza a atribuição de um para um, registaram-se mais de 40% de sucessos na melhoria do atraso. Este resultado indica que, se se eliminar a comutação de rádio entre canais e se os dados fluírem constantemente dos emissores para as interfaces de rádio receptoras, o desempenho no sumidouro pode ser melhorado. No entanto, isto não seria prático quando a dimensão da rede aumentasse, pois seria necessário aumentar constantemente as interfaces de rádio no sumidouro. Além disso, a limitação dos canais não sobrepostos não o tornaria viável, pois não haveria canais não sobrepostos suficientes para atribuir às interfaces de rádio.

O rácio de entrega de pacotes na Fig. 5-8 mostra uma melhoria semelhante de aproximadamente 46% para o MC-DCF que funciona com vários rádios, quando comparado com o MC-DCF que funciona com um único rádio no nosso trabalho anterior. Cada interface num nó de envio é atribuída a diferentes canais não sobrepostos. O 802.11 DCF mostrou pouca ou nenhuma melhoria, uma vez que este protocolo só foi concebido para funcionar com um único canal. Como já foi referido, a atribuição de um para um não é ideal para uma rede de grandes dimensões, uma vez que não seria prático atribuir cada interface de rádio a um canal não sobreposto de um nó de envio. A Fig. 5-9 também mostra uma melhoria de 53% na atribuição de um para um com 3 canais não sobrepostos para o débito agregado. No entanto, para pequenos parques e áreas de construção, este tipo de implementação pode ser considerado.

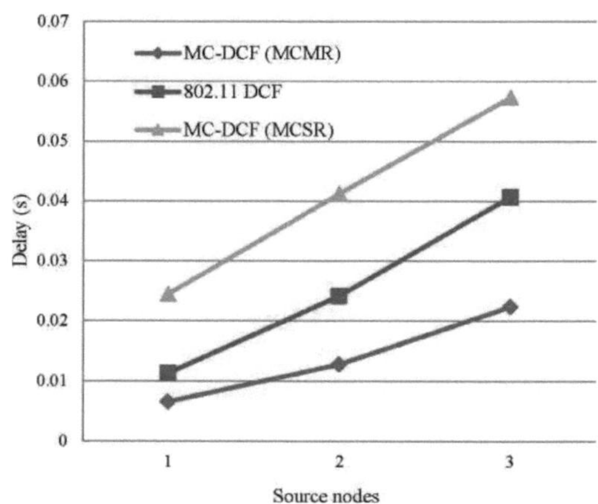

Figura 5-7: Impacto do atraso com a comunicação multicanal multi-rádios no nó de ligação.

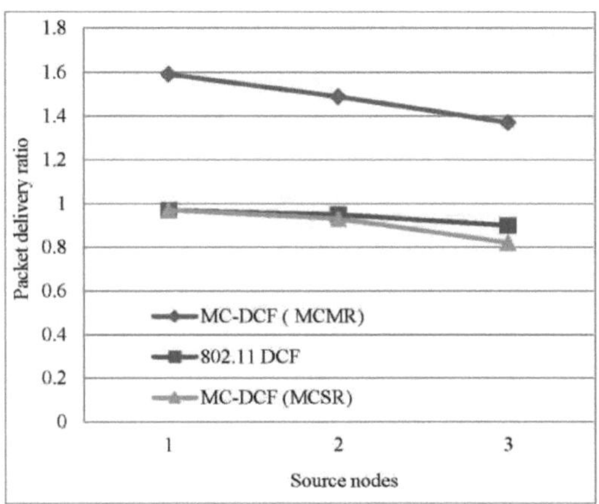

Figura 5-8: Impacto do rácio de entrega com comunicação multicanal multi-rádios no nó de destino.

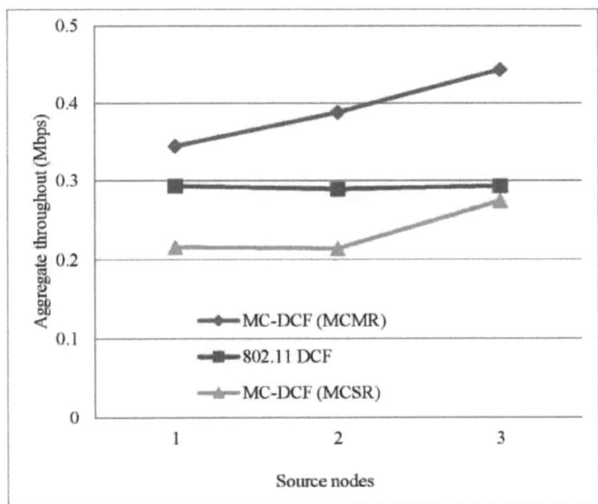

Figura 5-9: Impacto do rendimento com comunicação multicanal e multi-rádios no nó de ligação.

O cenário de um para um demonstrado acima não é prático em todos os casos, mas dependerá do tamanho da rede e do número de nós que enviam diretamente para o sink. Idealmente, haverá mais nós a enviar para o sumidouro, o que criará uma atribuição de um para muitos, em que muitos nós estão a enviar para a mesma interface de rádio. Os nós de envio podem ser pares ou ímpares. Algumas equações são derivadas para resolver estes cenários para a nossa próxima simulação. As equações seguintes são utilizadas quando há transmissores pares (emissores) para o recetor (sink) e transmissores ímpares para o recetor.

5.5.3 Um único lavatório com vários rádios de forma circular

No terceiro cenário, múltiplos rádios, múltiplos canais com um número par de múltiplos nós emissores; no entanto, foram definidas as seguintes equações para a simulação. As equações têm a capacidade de simular nós de envio pares ou ímpares para o nó de destino. Nestas equações, os nós emissores são designados por emissores e a interface de rádio por receptores.

Rácio emissor-recetor par: ($T_X : R_X$, T_X = número inteiro positivo par e $R_X \geq 2$, $T_X \geq 4$)

As equações contêm apenas estados lógicos (valores Ativo (1)/não ativo (0)

Senders ($T_X = 6$)	**Receivers ($R_X = 3$)**	**Equation**
A = (T_{XA})	1 = (R_{X1})	$R_{X1} = T_{XA} - T_{XD}$: where $T_{XD} = 0$
B = (T_{XB})	2 = (R_{X2})	$R_{X2} = T_{XB} - T_{XE}$: where $T_{XE} = 0$
C = (T_{XC})	3 = (R_{X3})	$R_{X3} = T_{XC} - T_{XF}$: where $T_{XF} = 0$
D = (T_{XD})	1 = (R_{X1})	$R_{X1} = T_{XD} - T_{XA}$: where $T_{XA} = 0$
E = (T_{XE})	2 = (R_{X2})	$R_{X2} = T_{XE} - T_{XB}$: where $T_{XB} = 0$
F = (T_{XF})	3 = (R_{X3})	$R_{X3} = T_{XF} - T_{XC}$: where $T_{XC} = 0$

Tabela 5-2: Equação para remetente par para rádios múltiplos no nó de destino em 3 canais não sobrepostos.

Quando há um número par de remetentes para o nó de drenagem, cada interface de rádio partilha um número par de nós remetentes e a interface de rádio permanece no canal atribuído, com todos os nós a receberem a mesma vez na transmissão dos seus dados para o nó de drenagem, de forma round robin, o que é explicado mais adiante nesta secção. A Tabela 5-2 define as equações.

Rácio desigual entre emissor e recetor: ($T_X : R_X$, T_X = Número inteiro positivo desigual e $R_X \geq 2$, $T_X \geq 5$).

As equações da tabela 5-3 demonstram quando há números desiguais de nós emissores para as interfaces de rádio no nó sumidouro. Quando há um número ímpar de emissores, apenas um emissor pode transmitir num dado momento; considera-se um estado lógico em que o envio do nó ativo é igual a um e todos os outros emissores são definidos como zero. Na equação, são definidos 7 emissores e o emissor ímpar é atribuído numa ordem sequencial em que recebe igual oportunidade de enviar em relação ao canal que lhe é atribuído; no entanto, o nó desigual tem a opção de mudar de canal, mas não durante o seu período de transmissão.

Senders ($T_X = 7$)	**Receivers ($R_X = 3$)**	**Equation**
A = (T_{XA})	1 = (R_{X1})	$R_{X1} = T_{XA} - T_{XC} - T_{XG1}$: where $T_{XC} = 0$, $T_{XG1} = 0$
B = (T_{XB})	2 = (R_{X2})	$R_{X2} = T_{XB} - T_{XE} - T_{XG2}$: where $T_{XE} = 0$, $T_{XG2} = 0$
C = (T_{XC})	1 = (R_{X1})	$R_{X1} = T_{XC} - T_{XA} - T_{XG1}$: where $T_{XA} = 0$, $T_{XG1} = 0$
D = (T_{XD})	3 = (R_{X3})	$R_{X3} = T_{XD} - T_{XF} - T_{XG3}$: where $T_{XF} = 0$, $T_{XG3} = 0$
E = (T_{XE})	2 = (R_{X2})	$R_{X2} = T_{XE} - T_{XB} - T_{XG2}$: where $T_{XB} = 0$, $T_{XG2} = 0$
F = (T_{XF})	3 = (R_{X3})	$R_{X3} = T_{XF} - T_{XD} - T_{XG3}$: where $T_{XD} = 0$, $T_{XG3} = 0$
G = (T_{XG})	*sequential input to receivers {1 + 2 + 3}	$R_{X1} = T_{XG1} - T_{XA} - T_{XC}$: where $T_{XA} = 0$, $T_{XC} = 0$ $R_{X2} = T_{XG2} - T_{XB} - T_{XE}$: where $T_{XB} = 0$, $T_{XE} = 0$ $R_{X3} = T_{XG3} - T_{XD} - T_{XF}$: where $T_{XD} = 0$, $T_{XF} = 0$ N.B. T_{XG1}, T_{XG2}, and T_{XG3} are switchable communication link from sender G going to each of the receivers.
		Therefore sender G has the same number of switchable time period to receivers. When G switch to a channel, G waits its turn to transmit then has the option to switch to another channel.

Tabela 5-3: Equação para emissor desigual para rádios múltiplos no nó de destino em 3 canais não sobrepostos.

As equações contêm apenas valores de estados lógicos (ativo (1) e inativo (0)). Quando um nó está no seu estado ativo é igual a um e quando está num estado negativo é igual a zero.

- Se uma variável for negativa, então atribua um 0 lógico à variável. Por exemplo $-T_{XA} = 0$.

- Se uma variável for positiva, atribuir um 1 lógico. Por exemplo, $T_{XA} = 1$, portanto, quando $R_{X1} = T_{XA} - T_{XC} - T_{XG1}$, apenas T_{XA} pode estar a enviar dados para o rádio recetor.

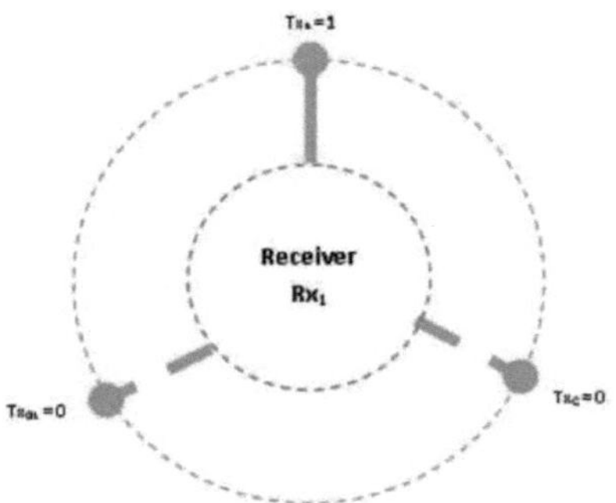

Figura 5- 10: Interface de rádio que recebe do nó T_{XA} .

As figuras 5-10 ilustram uma interface rádio no sumidouro (recetor, R_{X1}) que aceita dados de um nó (transmissor, $T_{XA} = 1$) representado por uma ligação ininterrupta. Os outros nós (T_{XC} , T_{XG1}) sendo zero são representados por ligações quebradas para ilustrar o seu estado negativo ou inativo.

Rácio desigual entre emissor e recetor: ($T_X : R_X$, T_X = Número inteiro positivo desigual e $R_X \geq 2$, $T_X \geq 5$).

As equações contêm apenas estados lógicos; valores activos (1) e inactivos (0).

Senders (T_X =7)	**Receivers (R_X = 3)**	**Equation**
A = (T_{XA})	1 = (R_{X1})	$R_{X1} = T_{XA} - T_{XC} - T_{XG1}$: where $T_{XC} = 0$, $T_{XG1} = 0$
C = (T_{XC})	1 = (R_{X1})	$R_{X1} = T_{XC} - T_{XA} - T_{XG1}$: where $T_{XA} = 0$, $T_{XG1} = 0$
G = (T_{XG})	*Sequential time period to receivers {1 + 2 + 3}	$R_{X1} = T_{XG1} - T_{XA} - T_{XC}$: where $T_{XA} = 0$, $T_{XC} = 0$
B = (T_{XB})	2 = (R_{X2})	$R_{X2} = T_{XB} - T_{XE} - T_{XG2}$: where $T_{XE} = 0$, $T_{XG2} = 0$
E = (T_{XE})	2 = (R_{X2})	$R_{X2} = T_{XE} - T_{XB} - T_{XG2}$: where $T_{XB} = 0$, $T_{XG2} = 0$
G = (T_{XG})	*Sequential time period to receivers {1 + 2 + 3}	$R_{X2} = T_{XG2} - T_{XB} - T_{XE}$: where $T_{XB} = 0$, $T_{XE} = 0$
D = (T_{XD})	3 = (R_{X3})	$R_{X3} = T_{XD} - T_{XF} - T_{XG3}$: where $T_{XF} = 0$, $T_{XG3} = 0$
F = (T_{XF})	3 = (R_{X3})	$R_{X3} = T_{XF} - T_{XD} - T_{XG3}$: where $T_{XD} = 0$, $T_{XG3} = 0$
G = (T_{XG})	*Sequential input to receivers {1 + 2 + 3}	$R_{X3} = T_{XG3} - T_{XD} - T_{XF}$: where $T_{XD} = 0$, $T_{XF} = 0$

Tabela 5-4: Equação para remetente desigual para rádios múltiplos no nó de destino em 3 canais não sobrepostos.

As equações da Tabela 5-4 produzem o mesmo resultado que as da Tabela 5-3, mas foram expressas de forma diferente.

- Em primeiro lugar, comece com emissores para Recetor numa proporção de 6:3, o que representa 2 emissores para cada recetor (2:1).
- Em segundo lugar, multiplicando a saída do transmissor ODD pela quantidade de receptores, foi criado um sistema uniforme em que G é a sequência de nós emissores que podem estar em qualquer canal, a interface de rádio no sumidouro detecta G e actualiza o número de receptores para aceitação dos dados. No entanto, G não pode mudar para outro canal quando os dados estão a ser enviados para o recetor num ciclo.

Estas equações permitem um modo round robin; cada rádio funciona como um ciclo único euleriano, que escuta todos os nós no mesmo canal uma vez num ciclo. Quando o rádio é inferior ao número de nós emissores, as lógicas foram derivadas de modo a que o rádio funcione de forma round robin. A técnica de round robin não limita o número de interfaces de rádio, cada interface funcionará da mesma forma, o que permitirá ao(s) nó(s) de destino receber dados dos emissores de uma forma mais eficaz e eficiente. Tomemos, por exemplo, 6 nós emissores, como ilustrado na figura 5-2 e na tabela 5-2, com equações de emissor para recetor iguais, atribuídas a três canais não sobrepostos, cada interface de rádio alternará entre 2 nós por ciclo. Quando a interface de rádio no canal 1 detecta o primeiro nó emissor, recebe os seus pacotes de dados e, em seguida, detecta o meio para o nó seguinte no mesmo canal. A interface de rádio do canal 1 recebe os pacotes de dados e, em seguida, detecta o meio para o próximo nó no mesmo canal. A Fig.5-11 ilustra o modo round robin em que a(s) interface(s) de rádio no sink pode(m) receber de apenas um remetente num dado momento. Quando a interface está a receber, o emissor é igual a um, o que é representado por uma ligação ininterrupta no diagrama, e zero no caso contrário, o que é representado por uma ligação interrompida.

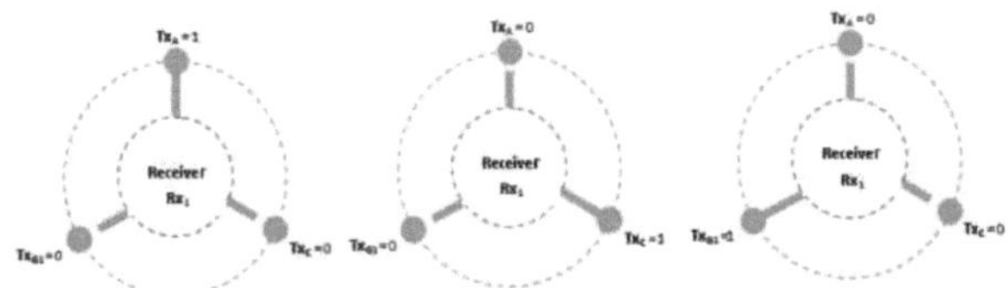

Figura 5- 11: Ciclo de round robin.

No terceiro cenário de simulação, foi utilizado um único nó sumidouro com três interfaces de rádio; cada interface de rádio é atribuída a um dos três canais não sobrepostos e seis nós de envio para o sumidouro, utilizando as equações acima referidas de forma round robin. Esta atribuição é semi-dinâmica, em que dois nós de transmissão são atribuídos ao mesmo canal e cada interface de rádio no sumidouro alterna entre nós de envio no mesmo canal, o que dá um rácio de 2:1; dois nós transmitem para uma interface de rádio.

A Fig. 5-12 mostra o impacto do atraso entre os seis nós de envio e as interfaces de rádio no sumidouro. A MC-DCF com a atribuição multicanal multi-rádio (MCMR) tem um desempenho significativamente melhor do que a MC-DCF com multicanal-rádio único (MCSR). Quando se compara o resultado com o desempenho do MCSR no capítulo anterior, verifica-se uma melhoria de mais de 55% no atraso. Este resultado indica que, com múltiplas interfaces de rádio, o MC-DCF pode reduzir o elevado atraso encontrado com um único canal, uma vez que o número de remetentes não precisa de ficar em fila de espera numa única interface de rádio. Em vez disso, os emissores podem ser distribuídos por várias interfaces. Isto também reduz o extenso trabalho de uma única interface que alterna entre vários nós emissores para receber os seus pacotes de dados.

Na Fig. 5-13 observa-se uma tendência semelhante à do atraso, em que o MCMR obtém um rácio de entrega de pacotes superior a 51%, em comparação com o MCSR, que tem um desempenho muito fraco no capítulo anterior. Por conseguinte, a existência de várias interfaces de rádio no nó de destino para receber pacotes de dados dos três canais não sobrepostos melhorou o desempenho da entrega de pacotes e reduziu a carga de tráfego sentida por uma única interface de rádio. A Fig. 5-14 mostra o débito global agregado para a quantidade total de dados entregues ao ponto de chegada. O MCMR apresenta um melhor desempenho global de 49,6% em comparação com a carga oferecida pelo MCSR.

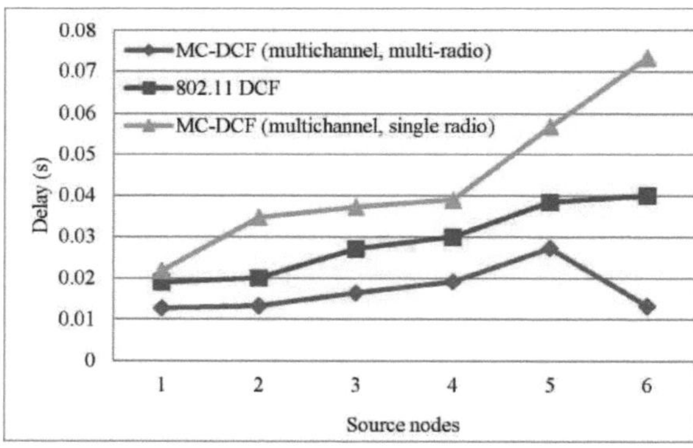

Figura 5-12: Comparação do impacto do atraso com comunicações um-para-muitos no nó de ligação.

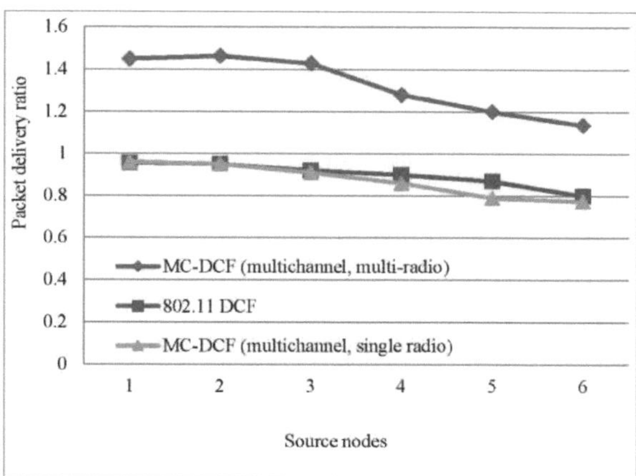

Figura 5-13: Comparação do impacto da entrega com comunicações um-para-muitos no nó de ligação.

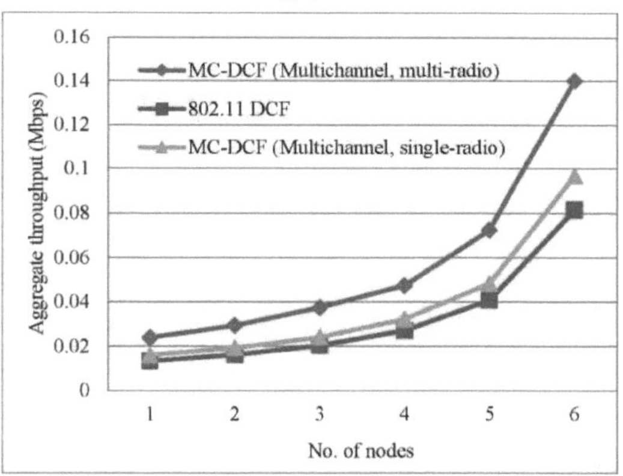

Figura 5-14: Comparação do impacto no rendimento com comunicações um-para-muitos no nó de ligação.

O cenário de um único sumidouro com múltiplos canais e interfaces de rádio demonstrado acima para o MC-DCF mostrou uma melhoria no desempenho em relação a um único sumidouro com múltiplos canais e uma única interface de rádio. Não se registou qualquer melhoria significativa na DCF 802.11, uma vez que se trata de um protocolo baseado na contenção, concebido para funcionar num único meio, em que todos os nós disputam esse meio.

5.5.4 Múltiplos rádios de pia múltipla

Os cenários anteriores simularam e analisaram o impacto com:

- Múltiplos lavatórios, cada um com um rádio
- Lavatório único com multi rádio

• Lavatório único com multi-rádio de forma circular

Cada cenário mostra um certo nível de melhoria para o MC-DCF quando o(s) nó(s) de destino obtém(m) dados dos nós de origem, em comparação com o nosso trabalho anterior, em que o nó de destino se deparou com uma grave degradação quando recebia dados dos nós de origem através de um único nó de destino com uma única interface de rádio que tem de alternar constantemente entre as interfaces dos nós de envio.

Este cenário analisará o impacto do envio de dados das fontes para três nós sumidouros. Cada nó dissipador estará equipado com três interfaces de rádio que utilizam os três canais não sobrepostos do IEEE 802.11. A Fig. 5-15 mostra uma rede de sensores com vários nós de drenagem, cada um com três interfaces de rádio.

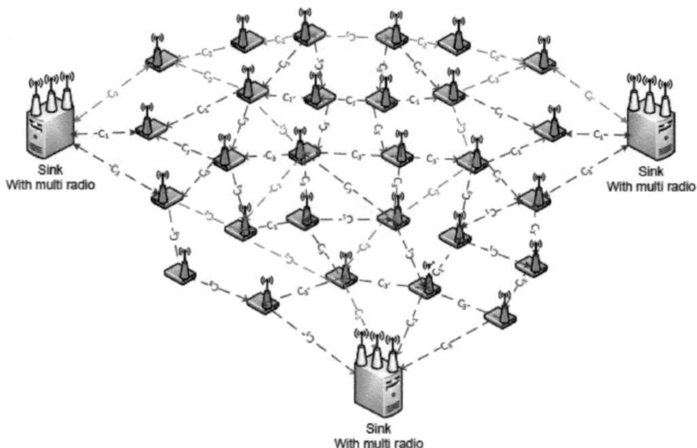

Figura 5-15: Vários nós sumidouros com vários rádios.

As Fig. 5-16 mostram o impacto do atraso com o aumento do número de nós do sink e de interfaces de rádio. Observou-se que, com três canais, houve uma redução de 96% do atraso no lado do sumidouro, em comparação com o trabalho anterior, em que o nó de origem que transmite diretamente para o sumidouro apresenta um nível elevado devido à comutação de canais pela interface de rádio única. Com dois canais a enviar dados das fontes, registou-se uma melhoria de aproximadamente 87,4% no atraso. O canal único e o 802.11 DCF apresentam pequenas melhorias. Como mencionado anteriormente, o desempenho do canal único não melhora com o aumento do número de nós receptores ou de interfaces de rádio, uma vez que as decisões se baseiam na reposição do tamanho da janela, no recuo, nos estados de espera e no facto de todos os nós estarem a competir pelo mesmo meio. A MC-DCF com comutação de múltiplos canais e múltiplas interfaces de rádio tem um melhor desempenho quando se utilizam múltiplos sumidouros, em contraste com a DCF de canal único e

802.11, que apresenta um melhor desempenho em trabalhos anteriores.

A Fig. 5-17 mostra uma melhoria de mais de 90% para três canais com rácio de entrega de pacotes quando o número de nós de sumidouro e de interfaces de rádio aumenta em três, em comparação com um único nó de sumidouro com uma única interface de rádio no nosso trabalho anterior. Com dois canais a enviar dados das fontes para os sumidouros, houve uma melhoria de mais de 81% em comparação com o fraco desempenho registado com um único canal. Do mesmo modo, quando o atraso com um único canal não apresenta melhorias significativas, a taxa de entrega de pacotes com um único canal não apresenta grandes melhorias.

A taxa de transferência agregada na fig. 5-18 do sistema global com nós de origem a enviar dados para os sumidouros mostrou que, com múltiplos nós de sumidouro, canais e interfaces de rádio, foram entregues ao sumidouro mais 92% de dados do que com um único sumidouro com um único rádio e um único canal. O canal único e o 802.11 DCF em todas as instâncias não revelaram qualquer melhoria significativa com o aumento do número de nós sumidouros que recebem dados dos nós de origem.

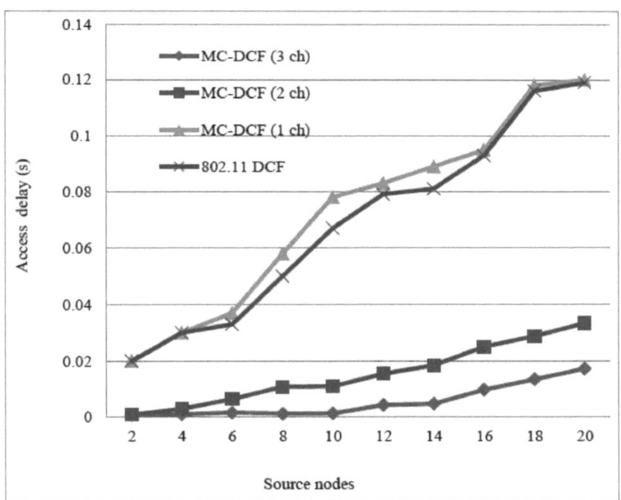

Figura 5-16: Impacto do atraso dos nós de origem quando se utilizam múltiplos sumidouros com múltiplas interfaces de rádio.

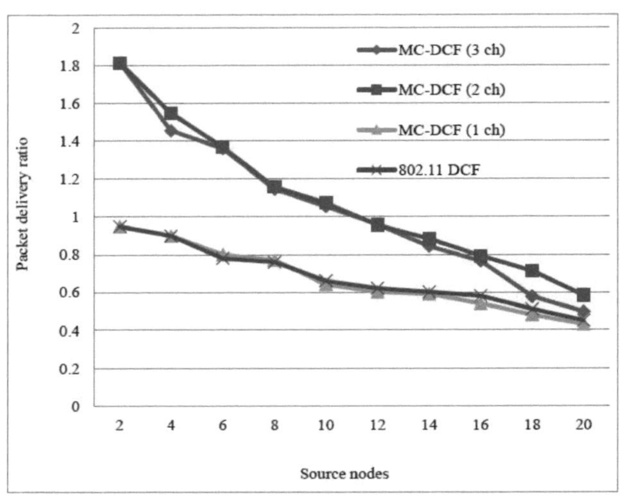

Figura 5-17: Impacto do rácio de entrega das fontes ao utilizar múltiplos sumidouros com múltiplas interfaces de rádio

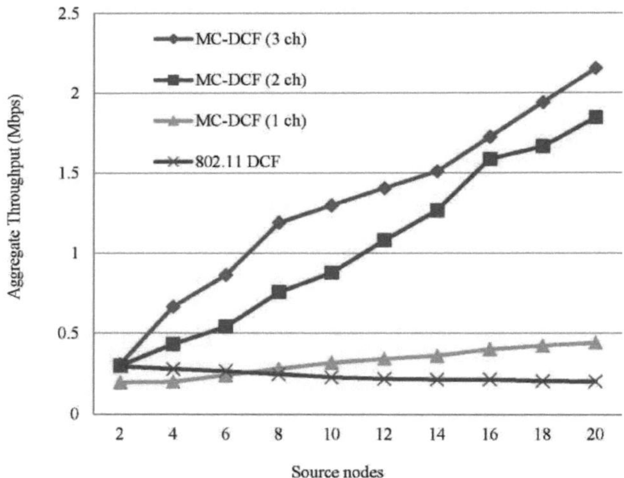

Figura 5-18: Taxa de transferência do sistema global utilizando múltiplos nós sumidouros com múltiplas interfaces de rádio.

5.6 Conclusão

Este capítulo aborda o fraco desempenho encontrado pelo sumidouro no trabalho anterior. O objetivo é conseguir que as RSSF tenham um desempenho ótimo num ambiente multicanal da rede 802.11 para uma taxa de dados elevada. O futuro prevê problemas com a rede 802.15.4 quando a rede IEEE 802.11n se tornar popular. Considerou-se uma RSSF formada por nós estáticos com o aumento do nó de afundamento e a atribuição de múltiplas interfaces de rádio no afundamento. Foram formuladas soluções para a atribuição de múltiplos rádios multicanal no sink, utilizando a técnica de grafos e um vetor binário. Foram derivadas várias equações para resolver o problema do número par ou ímpar de nós transmissores que enviam dados diretamente para o sumidouro.

A partir dos resultados das simulações, ficou provado que, ao aumentar o número de nós de destino e/ou ao aumentar o número de interfaces de rádio no destino, é possível obter um melhor desempenho, o que resulta num desempenho global da rede. A atribuição de interfaces de rádio múltiplas no nó de drenagem será a rede a considerar no futuro, embora ao aumentar os nós de drenagem com uma única interface tenha havido uma melhoria no desempenho. O cenário de simulação com três nós de dissipação, cada um equipado com três interfaces de rádio que utilizam os três canais não sobrepostos do IEEE 802.11, é a rede a considerar para as futuras RSSF estáticas com dados em fluxo contínuo. Os resultados da simulação mostraram que é possível obter uma melhoria média de mais de 90% no desempenho. Como tal, este tipo de atribuição pode ser considerado mais económico e eficiente em termos energéticos no futuro.

5.7 Agradecimentos

O trabalho foi apoiado pelo NAP do Conselho de Investigação da Coreia para a Ciência e Tecnologia Fundamentais.

Capítulo 6

Conclusão e trabalho futuro

6.1 Resumo

O trabalho nesta tese começou por fazer um levantamento de diferentes protocolos: protocolos MAC baseados em contenção, protocolos da camada de transporte, conceção em camadas cruzadas e atribuições de múltiplos canais e rádios. Foram analisados vários protocolos existentes, cada um tentando resolver um ou mais problemas enfrentados pelas camadas actuais. Este estudo desperta o interesse e dá uma perspetiva clara das tendências futuras no domínio das RSSF e define o objetivo de investigação do protocolo MAC multicanal. O estudo sobre o 802.11 DCF, que foi concebido principalmente para redes sem fios, tem um mecanismo de poupança de energia que é utilizado para sincronizar os nós. No entanto, utiliza um mecanismo de retrocesso aleatório que não pode fornecer limites superiores determinísticos para o atraso no acesso ao canal e, como tal, não pode suportar o tráfego em tempo real. Os pontos fracos identificados através do estudo deste protocolo constituem a espinha dorsal desta tese.

Foi efectuada uma comparação entre o 802.11 e o 802.15.4 para considerar o futuro meio para as redes de sensores sem fios que operam num ambiente multicanal a uma taxa de dados elevada com dados em fluxo contínuo. Tanto o 802.11 como o 802.15.4 utilizam o mecanismo CSMA/AC para redes baseadas em contenção e funcionam na banda de frequência de 2,4 GHz. No entanto, o 802.15.4 teve um desempenho muito fraco a um débito de dados elevado e a longo alcance. Por conseguinte, o 802.15.4 não é adequado para sensores multimédia ou sistemas de vigilância com dados em fluxo contínuo para futuros sistemas multirrádio multicanais.

O modelo multicanal MC-DCF concebido é uma técnica baseada na contenção num processo de função coordenada com deteção de portadora. Este modelo de backoff multi-canal traz qualidades acrescidas dos diversos mecanismos de resolução MAC das RSSF. Foi concebido para ter uma rede de sensores multicanal com 802.11, de modo a que os nós possam mudar de canal e evitar atrasos graves, perdas de pacotes, aumentar a taxa de transferência e ter opções de canal para transmitir, sem um programador central para atribuir canais. Os resultados experimentais mostram que o MC- DCF conseguiu manter uma estabilidade e um rendimento óptimos para as redes de sensores sem fios (RSSF) em relação às redes DCF 802.11 tradicionais.

6.2 Conclusões

O objetivo desta tese foi resolver alguns dos problemas na camada MAC em redes de sensores sem fios. Este trabalho introduziu uma Função Coordenada Distribuída Multi-canal (MC-DCF) que tira partido da atribuição multi-canal. O algoritmo de backoff da função de coordenação distribuída (DCF) do IEEE 802.11 foi modificado para invocar a mudança de canal, com base em critérios de limiar, a fim de melhorar o rendimento global das redes de sensores sem fios. O multicanal é utilizado para atribuir diferentes nós a diferentes canais na transmissão em tempo real. Isto dá origem a comunicações em diferentes bandas de frequência. Os nós dentro do raio de transmissão uns dos outros funcionam em canais diferentes não sobrepostos, de modo a evitar interferências. A abordagem tem todos os nós cientes dos canais em uso, mas cada interface de nó só pode sintonizar um canal num determinado momento. Na inicialização, o atribuidor aleatório que emprega a distribuição uniforme para distribuir as interfaces dos nós pelos canais e garante que cada canal terá aproximadamente o mesmo número de nós vizinhos atribuídos a ele. Esta abordagem também permite que os nós mudem de canal quando a janela de contenção do DCF atinge um limiar de atribuição. O nó de destino também efectua a mudança de interface para receber dados de canais provenientes de nós de origem. Os resultados da simulação revelaram-se inúteis para futuros desenvolvimentos nesta área para redes 802.11. O protocolo concebido, MC-DCF, atinge um melhor desempenho quando analisado o impacto das RSSF na rede 802.11. Foi efectuada uma análise mais aprofundada do MC-DCF em redes 802.11a/b/g a diferentes distâncias e taxas. Globalmente, a rede 802.11g teve um bom desempenho com todas as taxas de dados, tendo sido obtida uma taxa de entrega de até 80%. A MC-DCF demonstrou uma capacidade proeminente de utilizar a transmissão multicanal para o futuro com 802.11 para um sistema de vigilância por sensores sem fios de baixo custo, fiável, fácil de gerir, fácil de implementar e que pode processar dados de vídeo para alertas automáticos em tempo real.

Por último, esta tese aborda a degradação no nó do sumidouro quando se utiliza um único rádio para mudar para múltiplos canais. Os resultados obtidos no sumidouro a partir dos nós emissores revelaram que o desempenho do MC-DCF é muito fraco. Os nós de origem próximos do sumidouro sofrem de atrasos graves na entrega de pacotes ao sumidouro. A tese introduz a técnica de grafos e um vetor binário para formular soluções para resolver o fraco desempenho da comutação de canais pela interface do nó de destino. Também foram derivadas várias equações para resolver o problema do número par e ímpar de nós de origem que transmitem dados diretamente para o sumidouro. Os cenários de simulação: Múltiplos sumidouros, cada um com um único rádio, um único sumidouro com vários rádios e um único sumidouro com vários rádios de forma round robin, todos mostraram melhorias com os nós de origem a entregar dados diretamente ao sumidouro entre 25% e 55%. No entanto, o cenário de simulação com três nós de drenagem, cada um equipado com três interfaces de rádio que utilizam os três canais não sobrepostos do IEEE 802.11, é a rede a considerar para futuras RSSF estáticas com dados em fluxo contínuo. Este cenário revelou uma melhoria de mais de 90% no desempenho dos nós receptores que recebem dados das suas fontes.

6.3 Trabalho futuro

Após a experimentação de atribuições multicanais e a avaliação do desempenho da MC-DCF, pode dizer-se com confiança que os resultados são encorajadores. No entanto, estas realizações precisam de ser seguidas de mais esforços de desenvolvimento para transformar a atribuição de canais em realidade e aplicar a MC-DCF noutros contextos para além das atribuições multicanais. O trabalho nesta tese abre a investigação sobre várias questões e direcções interessantes.

6.3.1 Sobreposição de canais

Esta tese apresentou o trabalho sobre a não sobreposição de canais nos capítulos 4 e 5. Se os transmissores estiverem mais próximos uns dos outros, a sobreposição dos canais pode causar uma degradação inaceitável da qualidade e do débito do sinal. No entanto, os canais sobrepostos podem ser utilizados em determinadas circunstâncias. Desta forma, estão disponíveis mais canais. A utilização de canais sobrepostos durante o acesso ao meio é uma direção de investigação futura interessante e exigente.

6.3.2 Eficiência energética

Uma das questões mais importantes nas RSSF é a eficiência energética. Embora esta tese utilize canais não sobrepostos e assuma que os nós são estáticos e estão sempre alimentados, não há certezas se a comunicação multicanal pode ajudar a reduzir o consumo de energia nas RSSF. A avaliação do consumo de energia dos protocolos multicanais existentes, juntamente com o impacto da mudança de canal, pode ser um importante tópico de investigação.

6.3.3 Restrições em tempo real

Nas aplicações em tempo real, os dados são limitados em termos de atraso e têm um determinado requisito de largura de banda. Funcionam dentro de um período de tempo que o utilizador considera imediato ou atual. Por exemplo, a programação de mensagens com prazos é importante para tomar as medidas adequadas em tempo real ou definir alertas que desencadeiem actividades críticas.

No entanto, devido à interferência e à contenção no meio sem fios, esta é uma tarefa difícil. A comunicação multicanal pode ajudar a reduzir o atraso, aumentando o número de transmissões paralelas e ajudando a rede a obter garantias em tempo real. A redução do atraso em aplicações em tempo real pode ser uma área de investigação interessante no futuro.

6.3.4 Várias aplicações em execução na mesma rede

Os sistemas operativos mais recentes para as RSSF tornam possível ter várias aplicações a funcionar na mesma rede. Isto pode permitir a transmissão de grandes quantidades de dados na rede e lidar com o tráfego, com diferentes níveis de prioridade, de uma forma eficiente em termos energéticos, evitando colisões e interferências, que podem tornar-se um problema importante. A comunicação multicanal pode ser um tópico a ser investigado para resolver os problemas que surgem com a execução de múltiplas aplicações na rede.

6.3.5 Desenho de camadas cruzadas

Os principais desafios que as RSSF têm de ultrapassar são:

- A limitação dos recursos computacionais, energéticos e de armazenamento deve-se ao facto de a sua energia ser limitada.
- Interferências na transmissão
- Informações redundantes, uma vez que, na maioria dos casos, os nós vizinhos detectam frequentemente os mesmos acontecimentos no seu ambiente, enviando assim os mesmos dados para a estação de base.
- A topologia muda devido à falha de um nó, embora a maioria dos nós sensores esteja normalmente estacionária.

Com estes desafios, os protocolos já não podem desenvolver-se isoladamente e, como tal, a invenção da abordagem de camadas cruzadas. A ideia da conceção de camadas cruzadas permite trocar informações entre elas de forma inteligente durante a comunicação para melhorar o desempenho do sistema. As informações úteis das camadas cruzadas permitem diferenciar o estado do canal no que respeita à intensidade do sinal, ao nível de interferência e à estimativa da resposta do canal no domínio do tempo e da frequência. A abordagem de camadas para a conceção de redes não se enquadra nas redes sem fios, tal como referido em [32], onde foi feita uma análise aprofundada das abordagens de camadas cruzadas para a rede adhoc sem fios.

Por conseguinte, as interações entre camadas são uma técnica para aumentar o desempenho, adaptando-se eficazmente ao ambiente dinâmico e comunicando interactivamente com cada camada em simultâneo para evitar os principais desafios que os sistemas sem fios enfrentam. A conceção de camadas cruzadas pode ser uma área de investigação importante.

6.3.6 Comunicação multicanal das camadas superiores

Se não for possível encontrar uma região de débito simples nas configurações de rede, a região de débito pode reduzir o conjunto de débitos viáveis que o controlo de congestionamento pode utilizar. A região de taxa é estudada em [33-35]. Em RSSFs, a contenção de canal local e a interferência no meio de comunicação compartilhado causam congestionamento na rede [111]. Em [112], é proposto um controlo de taxa sensível à interferência para as RSSFs. Se forem utilizadas comunicações multicanal para eliminar a interferência, os efeitos do congestionamento podem ser atenuados e pode ser possível um controlo de débito justo para os nós que sofrem de interferência. Um algoritmo de controlo de congestionamento ou de controlo da taxa que utilize a comunicação multicanal nas RSSF pode ser uma área de investigação.

6.3.7 Banco de ensaio

Os bancos de ensaio reproduzem o teste de teorias, ferramentas computacionais e inovações. Quando comparados com os simuladores de RSSF, os bancos de ensaio de RSSF permitem uma experimentação mais realista e fiável, captando as subtilezas do hardware, software e dinâmica subjacentes da rede de sensores sem fios. A implantação de bancos de ensaio de RSSF é ainda melhorada através de uma colaboração crescente entre o meio académico e a indústria.

Os bancos de ensaio de RSSF são a base para a experimentação de redes de sensores sem fios em contextos reais e são também utilizados por muitos investigadores para avaliar aplicações específicas pertencentes a áreas específicas. Um banco de ensaio de RSSF é normalmente constituído por nós sensores implantados num ambiente controlado. Os bancos de ensaio de RSSF proporcionam aos investigadores uma forma eficiente de examinar e avaliar os seus algoritmos, protocolos e aplicações. As bases de ensaio de RSSF podem ser concebidas para suportar diferentes caraterísticas, dependendo do objetivo da base de ensaio. Entre as caraterísticas importantes de um banco de ensaio de RSSF, pode ser concebido para configurar, executar e monitorizar remotamente as experiências. Outra caraterística interessante é o facto de o banco de ensaio de RSSF poder ser utilizado para repetir experiências de modo a produzir resultados semelhantes para análise [113]. A seleção do nível de abstração adequado no modelo de simulação é um problema complexo. Assim, é óbvio que a precisão de um simulador dependerá exclusivamente do seu modelo matemático. Por conseguinte, existe um compromisso entre a precisão do simulador e a complexidade computacional. Quanto mais complexo for o modelo de simulação, mais recursos computacionais e tempo são necessários para o executar. Por este motivo, os projectistas destes modelos de simulação tendem a simplificá-los o mais possível. É impossível ter em conta todos os aspectos do canal sem fios na conceção de um modelo de simulação [114]. No entanto, as ferramentas de simulação são essenciais para proporcionar um ambiente acessível para a conceção inicial e a afinação das redes de sensores sem fios. Esta dificuldade inerente à modelação fiel motiva muitos investigadores a construir os seus próprios bancos de ensaio de RSSF.

Entre as vantagens de um banco de ensaio de RSSF real em relação a um simulador está o facto de proporcionar um ambiente de ensaio realista e permitir aos utilizadores obter resultados de ensaio mais precisos [113]. Para avaliar melhor o papel importante dessas RSSF, as restrições orçamentais e o custo desempenham um dos papéis mais importantes na criação do banco de ensaio de RSSF. A monitorização do banco de ensaio das RSSF consiste em recolher informações sobre uma série de parâmetros, incluindo: estado dos nós (nível da bateria, potência de comunicação), topologia da rede, largura de banda sem fios, estado das ligações, limites de cobertura e limites de exposição. Com base nos estados da rede recolhidos, é possível realizar uma série de tarefas de controlo de gestão. Salientando a utilidade do banco de ensaio e sabendo que não é fácil comparar os resultados das simulações efectuadas em diferentes simuladores devido aos diferentes modelos (por exemplo, a camada física, o tráfego ou os modelos de mobilidade) assumidos. Como salientado em [115], seria útil dispor de um repositório dos modelos normalizados, não só para os códigos de simulação, mas também para os pormenores de implementação nos bancos de ensaio. No entanto, a experimentação com bancos de ensaio reais e cargas de trabalho de um conjunto de aplicações diferentes é importante nas fases iniciais de trabalhos futuros para melhorar continuamente a conceção da MC-DCF através do feedback proveniente de cenários reais de funcionamento.

Referências:

1. F. Akyildiz, T. Melodia, K. R. Chodhury, A survey on wireless multimedia sensor networks, Computer Networks, 51, 2007, pp. 921-960.

2. E. H. Callaway, Jr., Wireless Sensor Networks Architectures and Protocols, publicação Auberbach, 2004.

3. C. E-A Campbell, I. A. Shah, K.K. Loo, Controlo de acesso ao meio e protocolo de transporte para redes de sensores sem fios: An overview, International Journal of Applied Research on Information Technology and Computing (IJARITAC), 2010, pp. 79-92.

4. S. Misra, M. Reisslein, G. Xue, A Survey of Multimedia streaming in Wireless Sensor Networks, IEEE communications survey & tutorials, 2008, pp. 15531877.

5. H. Laboid, Wireless ad hoc and sensor networks N.J : Wiley ISTE, 2008.

6. C. Cordeiro, D. Agrawal, Ad hoc & Sensor networks: theory and applications, Hackensac, NJ: World Scientific Publishing co., 2006.

7. Dong-Chan Oh, Yong-Hwan Lee, "Energy Detection Based Spectrum Sensing for Sensing Error Minimization in Cognitive Radio Networks"; International Journal of Communication Networks and Information Security (IJCNIS), Vo. 1, No. 1, 2009, pp. 1-5.

8. J. Sen, "A Survey on Wireless Sensor Network Security"; International Journal of Communication Networks and Information Security (IJCNIS), Vo. 1, No. 2, 2009, pp. 59-82.

9. M. Garcia, J. Lloret, S. Sendra, R. Lacuesta, "Secure Communications in Group- based Wireless Sensor Networks"; International Journal of Communication Networks and Information Security (IJCNIS), Vo. 2, No. 1, 2010, pp. 8-14.

10. K. Kredo II, P. Mohapatra, Controlo de acesso ao meio em redes de sensores sem fios. Computer Networks 51, 2007, pp. 961-994.

11. Kumar, S. Raghavan, V. Deng, Medium Access Control protocols for ad hoc wireless networks: A survey. Ad Hoc Networks 4, 2006, pp. 326-358.

12. C. Fullmer, J.J. Garcia-Luna-Aceves, Floor Acquisition Multiple Access (FAMA) para redes de rádio por pacotes. In: Proc.ACM SIGCOMM, Cambridge MA, 28 de agosto a 1 de setembro de 1995.

13. A. Raniwala, T. Chiueh, Arquitetura e algoritmos para uma rede em malha sem fios multicanal baseada em IEEE 802.1 1. Em INFOCOM 2005. 24ª Conferência Anual Conjunta das

Sociedades de Computação e Comunicações do IEEE. Actas IEEE, 2005.

14. S. M. Das, H. Pucha, D. Koutsonikolas, Y. C. Hu, D. Peroulis, DMesh: Incorporating Practical Diretional Antennas in Multichannel Wireless Mesh Networks. IEEE J. Select. Areas Commun., vol. 24, pp. 2028, 2006.

15. Norma IEEE para controlo de acesso médio a LAN sem fios e especificação da camada física, STD 802.11-2007.

16. IEEE std. 802.15.4, Part. 15.4: Wireless Medium Access Control (MAC) and Physical Layer (PHY) Specifications for Low-Rate Wireless Personal Area Networks (LR-WPANs), norma IEEE para as tecnologias da informação, IEEE-SA Standards Board, Sept. 2006.

17. Aliança Zigbee, "Zigbee," http://www.zigbee.org.

18. Projeto T.V., U.C. Berkeley, X. Parc, K. Fall, e E.K. Varadhan, "The ns Manual (anteriormente ns Notes and Documentation) 1," Facilities, 2009.

19. http://www.ecsl.cs.sunysb.edu/multichannel/ acesso 17/09/2009.

20. Parte 11: Especificações MAC e PHY de LAN sem fios, IEEE Std 802.11-2007.

21. S. Singh, C. Raghavendra, PMAS - power aware multi-access protocol with signalling for ad hoc networks. SIGCOMM Computer Communications Review 28 (3) 1998, 5-26.

22. C. Wang, M. Daneshmand, B. Li, Sohraby K. A survey of transport protocols for wireless sensor networks. IEEE Network, 20(3), 2006, pp. 34-40.

23. C-Y. Wan, S. Eisenman, A. Campbell CODA: Deteção e prevenção de congestionamentos em redes de sensores. Em Proc. ACM SenSys, 2003, pp. 266-279.

24. B. Hull, K. Jamieson, H. Balakrishnan, Mitigando o congestionamento em redes de sensores sem fio. Em Proc. ACM SenSys, 2004, pp. 134-147.

25. C. Wang, K. Sohraby, V. Lawrence, B. Li, Controlo de congestionamento baseado em prioridades em redes de sensores sem fios. Em Proc. IEEE International Conference on Sensor Networks, Ubiquitous, and Trustworthy Computing (SUTC), 2006, pp. 22-31.

26. F. Stann, J. Heidemann, RMST: Transporte fiável de dados em redes de sensores. Em Proc. First International Workshop on Sensor Net Protocols and Applications, 2003, pp. 102-112.

27. Y. Iyer, S. Gandham, S. Venkatesan, STCP: Um protocolo de transporte genérico para redes de sensores sem fios. Em Proc. IEEE International Conference on Computer Communications and Networks (ICCCN), 2005, pp. 17-19.

28. Y. Sankarasubramaniam, O. Akan, I. Akyildiz, ESRT: Event-to-sink reliable transport in

wireless sensor networks. Em Proc. 4th ACM Int. Simpósio sobre Redes e Computação Móveis Ad Hoc (MobiHoc), 2003, pp. 177-188.

29. Y. Zang, J. Luo, H. Hu, Wireless Mesh Networking, Architectures, Protocols and Standards. Publicação Auberbach, 2007.

30. H. Zimmermann, Modelo de Referência OSI - O Modelo ISO de Arquitetura para a Interconexão de Sistemas Abertos. Communications, IEEE Transactions on , vol.28, no.4, pp. 425-432.

31. V. Raisinghani, S. Iyer, Optimizações de conceção entre camadas em pilhas de protocolos sem fios. Elsevier Computer Communications 27, 2004

32. L. Gavrilovska, Cross-layering approaches in Wireless Ad Hoc Networks (Abordagens de camadas cruzadas em redes ad hoc sem fios). Springer Wireless Personal Communications 37, 2006, pp. 271-290.

33. S. Sarkar, L. Tassiulas End-to-end bandwidth guarantees through fair local spectrum share in wireless ad-hoc networks. Em Proc. IEEE Conf. Decision and Control, Maui, HI, 2003, pp. 564-569.

34. Y. Yi, S. Shakkottai, Controlo de congestionamento hop-by-hop numa rede sem fios multi-hop. Em Proc. IEEE INFOCOM, Hong Kong, 2004, pp. 2548-2558.

35. Y. Xue, B. Li, K. Nahrstedt, Price-based resource allocation in wireless ad hoc networks. Em Proc. 11th Int. Workshop on Qualityof Service, Nova Iorque, SpringerVerlag, vol. 2707, Monterey, CA, 2003, pp. 79-96.

36. L. Chen, S. Low, J. Doyle, Controlo de congestionamento conjunto e conceção de controlo de acesso aos meios para redes ad hoc sem fios. Em Proc.IEEE INFOCOM, Miami, FL, 2005, pp. 2212-2222.

37. A. Stolyar, Maximização da utilidade de uma rede de filas de espera sujeita a estabilidade: Greedy primal-dual algorithm. Queueing Syst., vol. 50, no. 4, 2005, pp. 401-457.

38. X. Lin, N. Shroff, Joint rate control and scheduling in multihop wireless networks. Em Proc. IEEE Conf. Decision and Control, Paradise Island, Bahamas, 2004, pp. 1484-1489.

39. A. Eryilmaz, R. Srikant, Fair resource allocation in wireless networks using queue-length-based scheduling and congestion control. Em Proc. IEEE INFOCOM, Miami, FL, 2004, pp. 1794-1803.

40. A. Eryilmaz, R. Srikant, Joint congestion control, routing and MAC for stability and fairness in wireless networks. IEEE J. Sel. Areas Commun, vol. 24, no. 8, 2006, pp. 1514-1524.

41. I. Paschalidis, W. Lai, D. Starobinski, Políticas de transmissão assimptoticamente óptimas para redes de sensores sem fios de baixa potência. Em Proc. IEEE INFOCOM, Miami, FL, 2005, pp. 2458-2469.

42. M. J. Neely, E. Modiano, C. Li, Equidade e controlo estocástico ótimo para redes heterogéneas. Em Proc. IEEE INFOCOM, Miami, FL, 2005, pp. 17231734.

43. X. Lin, N. Shroff, R. Srikant, Um tutorial sobre otimização entre camadas em redes sem fio. Revista IEEE sobre áreas selecionadas em comunicações, Vol. 24, No. 8, 2006

44. M. Chiang, Balancing transport and physical layer in multihop wireless networks: Jointly optimal congestion and power control. IEEE J. Sel. Areas Commun., vol. 23, n.º 1, 2005, pp. 104-116.

45. G. Dimic, N. Sidiropoulos, R. Zhang, Controlo de Acesso ao Meio - Conceção Física de Camadas Cruzadas. IEEE Signal Processing Magazine, 2004, pp. 40-50.

46. T. Takeuchi, Y. Otake, M. Ichien, A. Gion, H. Kawagui, C. Ohta, M. Yoshimoto, Conceção de camadas cruzadas para nós sensores sem fios de baixo consumo de energia utilizando relógio de ondas. IEICE TRANS. COMMUN, VOL.E91-B, NO.11, 2008, pp. 3480 - 3488.

47. L. Galluccio, A. Leonardi, G. Morabito, S. Palazzo, A MAC/Routing cross-layer approach to geographic forwarding in wireless sensor networks. Elsevier, Ad Hoc Networks 5, 2007, pp. 872-884.

48. C. Suh, Y. Ko, D. Son, An Energy Efficient Cross-Layer MAC Protocol for Wireless Sensor Networks. H.T. Shen et al. (Eds.): APWeb Workshops 2006, LNCS 3842, 2006, pp. 410-419.

49. J. Price, T. Javidi, Cross-Layer (MAC e Transporte) Optimal Rate Assignment in CDMA-Based Wireless Broadband Networks. IEEE, 2004. pp. 1044-1048.

50. H. Balakrishnan et al, A Comparison of Mechanisms for Improving TCP Performance over Wireless Links (Comparação de mecanismos para melhorar o desempenho do TCP em ligações sem fios). IEEE/ACM Trans. Net., 1997.

51. Z. Fu, P. Zerfos, H. Luo, S. Lu, L. Zhang, M. Gerla, The Impact of multihop wireless channel on TCP Performance. IEEE transactions on Mobile computing, vol. 4, 2005, pp. 209-221.

52. V. Jacobson, Congestion avoidance and control. Univ. da Califórnia, Berkeley, 1988.

53. S. Floyd, T. Henderson, RFC 2582 - The NewReno Modification to TCP's Fast Recovery Algorithm, 1999.

54. M. Mathis, J. Mahdavi, S. Floyd, A. Romanow, TCP Selective Acknowledgement Options.

RFC 2018, abril de 1996.

55. M. Marina, S. Das, Uma abordagem de controlo de topologia para a utilização de múltiplos canais em redes em malha sem fios multirrádio. Na 2ª Conferência Internacional sobre Redes de Banda Larga, 2005, pp. 381-390.

56. J. Tang, G. Xue, W. Zhang, Controlo de topologia sensível às interferências e encaminhamento de QoS em redes em malha sem fios multicanais. In Proceedings of the 6th ACM International Symposium on Mobile Ad Hoc Networking and Computing, 2005, pp. 68-77.

57. K. Ramachandran, E. Belding, K. Almeroth, M. Buddhikot, Atribuição de canais com reconhecimento de interferências em redes em malha sem fios multi-rádio. Em IEEE INFOCOM, 2006, pp. 1-12.

58. A. Raniwala, K. Gopalan, T. Chiueh, Centralized channel assignment and routing algorithms for multi-channel wireless mesh networks. ACM SIGMOBILE Mobile Computing and Communications Review, vol. 8, 2004, pp. 50-65.

59. M. Kodialam, T. Nandagopal, Characterizing the capacity region in multi-radio multi-channel wireless mesh networks. In Proceedings of the 11th Annual International Conference on Mobile Computing and Networking, 2005, pp. 7387.

60. M. Alicherry, R. Bhatia, L. Li, Atribuição conjunta de canais e encaminhamento para otimização do rendimento em redes em malha sem fios multi-rádio. In Proceedings of the 11th Annual International Conference on Mobile Computing and Networking, 2005, pp. 58-72.

61. S. Pollin, M. Ergen, S. Ergen, B. Bougard, L. Der Perre, I. Moerman, a. Bahai, P. Varaiya, e F. Catthoor, "Performance Analysis of Slotted Carrier Sense IEEE 802.15.4 Medium Access Layer," IEEE Transactions on Wireless Communications, vol. 7, 2008, pp. 3359-3371.

62. Q. Yu, J. Xing, e Y. Zhou, "Performance Research of the IEEE 802.15.4 Protocol in Wireless Sensor Networks," 2006 2nd IEEE/ASME International Conference on Mechatronics and Embedded Systems and Applications, 2006, pp. 1-4.

63. P. Baronti, P. Pillai, V. Chook, S. Chessa, a. Gotta, e Y. Hu, "Wireless sensor networks: A survey on the state of the art and the 802.15.4 and ZigBee standards", Computer Communications, vol. 30, 2007, pp. 1655-1695.

64. L.A. Man, S. Committee e I. Computer, "IEEE STD 802.15.4d-2009 (Alteração à IEEE Std 802.15.4-2006) Norma IEEE para Tecnologias da informação-Telecomunicações e troca de informações entre sistemas-Redes locais e metropolitanas-Requisitos específicos-Parte 15.4: Wireless LAN Medium Ac", vol. 2009.

65. S. Pollin, M. Ergen, M. Timmers, A. Dejonghe, L. van der Perre, F. Catthoor, I. Moerman, e A. Bahai, "Distributed cognitive coexistence of 802.15.4 with 802.11," 2006 1st International Conference on Cognitive Radio Oriented Wireless Networks and Communications, 2006, pp. 1-5.

66. K. Nakatsuka, K. Nakamura, Y. Hirata, e T. Hattori, "A Proposal of the Coexistence MAC of IEEE 802.11b/g and 802.15.4 used for The Wireless Sensor Network," 2006 5th IEEE Conference on Sensors, 2007, pp. 722-725.

67. Kandhalu, A. Rowe e R. Rajkumar, "DSPcam: A camera sensor system for surveillance networks", 2009 Third ACM/IEEE International Conference on Distributed Smart Cameras (ICDSC), 2009, pp. 1-7.

68. M. Bertocco, G. Gamba, a. Sona, e F. Tramarin, "Investigating wireless networks coexistence issues through an interference aware simulator," 2008 IEEE International Conference on Emerging Technologies and Factory Automation, 2008, pp. 1153-1156.

69. T. Zheng e S. Radhakrishnan, "A Switch Agent for Wireless Sensor Nodes with Dual Interfaces : Implementation and Evaluation", Science.

70. X. Zhang, H. Wang, e A. Khokhar, "An Energy-efficient MAC-Layer Retransmission Algorithm for Cluster-based Sensor Networks," 2008 IEEE International Networking and Communications Conference, 2008, pp. 67-72.

71. Polepalli, W. Xie, D. Thangaraja, M. Goyal, H. Hosseini, e Y. Bashir, "Impact of IEEE 802.11n Operation on IEEE 802.15.4 Operation," 2009 International Conference on Advanced Information Networking and Applications Workshops, 2009, pp. 328-333.

72. F. Margono, M. Zolkefpeli e S. Shaaya, "Estudo de desempenho sobre a conservação de energia e a QoS de redes de sensores sem fios sob diferentes protocolos da camada MAC: IEEE 802.15.4 and IEEE 802.11" 2009 IEEE Student Conference on Research and Development (SCORel), 2009, pp. 65-68.

73. http://www.cse.msu.edu/~wangbo1/ns2/nshowto8.html acesso 27/11/2010.

74. Jeng, R. Jan, Role and channel assignment for wireless mesh networks using hybrid approach, Computer Newtorks, Elsevier, 2009.

75. S. Avallone, I.F. Akyildiz, G. Ventre, A channel and rate assignment algorithm and a Layer-2.5 forwarding paradigm for multi-radio wireless mesh networks, IEEE/ACM Transactions on Networking 17 (1), 2009, pp. 267-280.

76. Adya, P. Bahl, J. Padhye, A. Wolman, L. Zhou, Um protocolo de unificação multi-rádio para

redes sem fios IEEE 802.11, em: Proceedings of BROADNETS, 2004, pp. 344-354.

77. P. Kyasanur, N.H. Vaidya, Routing and link protocol for multichannel multiinterface wireless networks, in:proceeding of the IEEE Wireless Communications and Networking Conf., vol. 4, 2005, pp. 2051-2056.

78. R. Haung, H. Zhai, C. Zhang, Y. Fang, SAM-MAC: An efficient channel assignment scheme for multichannel ad hoc networks, Elsevier Computer Networks, 2008.

79. H. Gharavi, "Multi-channel for multihop communication links", IEEE Int. Conf. Telecomunicações, 2008, pp. 1-6.

80. Y. Wu, J. Stankovic, T. He, S. Lin, "Realistic and Efficient Multichannel Communications in Wireless Sensor Networks," IEEE INFOCOM, 2008, pp. 1867-1875.

81. J. Zhang, G. Zhou, C. Huang, S. Son, J. A. Stankovic, "TMMAC: An energy efficient multi-channel MAC protocol for ad hoc networks", IEEE ICC, 2007.

82. G. Zhou, C. Huang, T. Yan, T. He, J. A. Stankovic, MMSN: Controlo de acesso aos meios de comunicação multifrequência para redes de sensores sem fios , IEEE INFOCOM, 2006.

83. Y. Zeng, N. Xiong, T. Kim, "Channel Assignment and Scheduling in Multichannel Wireless Sensor Networks," 33rd IEEE Confn. on Local Computer Networks, 2008, pp. 512-513.

84. O. D. Incel, P. Jansen, S. Mullender, MC-LMAC: A Multi-Channel MAC Protocol for Wireless Sensor Networks, Relatório Técnico TR-CTIT-08-61, Centro de Telemática e Tecnologia da Informação, Universidade de Twente, Enschede. ISSN 1381-3625

85. Nasipuri, J. Zhuang, S. Dias, Um protocolo MAC CSMA multicanal para redes sem fios multihop, in: WCNC'99, Nova Orleães, EUA, 1999, 21-24.

86. A. Wahid, K. Dongkyun, Analyzing Routing Protocols for Underwater Wireless Sensor Networks, International Journal of Communication Networks and Information Security (IJCNIS) 2 (3), **2010**, pp. 253-261.

87. C. Campbell, K. Loo, R. Comley, A New MAC Solution for Multi-Channel Single Radio in Wireless Sensor Networks, ISWCS 2010, 2010, pp. 907-911.

88. C. E.-A. Campbell, K.K. Loo, O. Gemikonakli, S. Khan, D. Singh, Função coordenada distribuída multicanal sobre um único rádio em redes de sensores sem fios, Sensors 2011, pp. 964-991

89. J. Pan, Y. Hou, L. Cai, Y. Shiz, S. Shen, Topology Control for Wireless Sensor Networks, MobiCom'03, 2003, pp. 286-299.

90. A. Warrier, S. Park, J. Min, I Rhee, How much energy saving does topology control offer for wireless sensor networks? - Um estudo prático, Computer Communications 30 (2007), pp. 2867-2879.

91. Y. Lu, T Sheu, Um esquema de encaminhamento eficiente com controlo optimizado da potência em redes de sensores sem fios de múltiplos saltos, Computer Communications 30 (2007), pp. 27352743

92. N. Meghanathan, Grid Block Energy Based Data Gathering Algorithms for Wireless Sensor Networks, International Journal of Communication Networks and Information Security (IJCNIS) 2 (3), 2010, pp. 151-161.

93. S. Balasubramanian, D. Aksoy, Adaptive energy-efficient registration and online scheduling for asymmetric wireless sensor networks, Computer Networks 51, 2007 pp. 3427-3447.

94. T. van Dam, K. Langendeon, Um protocolo MAC adaptável e eficiente em termos de energia para redes de sensores sem fios, em: Proceedings of the ACM SenSys, 2003.

95. S. M. Kamruzzaman, An Energy Efficient Multichannel MAC Protocol for Cognitive Radio Ad Hoc Networks, International Journal of Communication Networks and Information Security (IJCNIS) 2 (3), 2010, pp. 112-119.

96. M. Chen, V. Leung, S. Mao, Y. Xiao, I. Chlamatic, Hybrid geographical rounting for flexible energy delay trade-off, IEEE, 2009.

97. V. Rajendrian, K. Obraczka, J. Garcia-Luna-Aceves, Controlo de acesso ao meio livre de colisões e eficiente em termos energéticos para redes de sensores sem desgaste, ACM 2003, pp. 181-192

98. M. Miller, N. Vaidya, A MAC protocol to reduce sensor network energy consumption using wakeup radio, IEEE Transcations and Mobile Computing, Vol. 4 No. 3, 2005, 228-242.

99. K. Chowdhury, N. Nandiraju, D. Cavalcanti, D. Agrawal, CMAC-M Multichannel energy efficient MAC for wireless sensor networks, WCNC 2006 proceeding, 2006, pp. 1172-1177.

100. M. Chen, V. Leung, S. Mao, T. Kwon, Received-oriented load balancing and reliable routing in wireless sensor networks, comunicações sem fios e computação móvel, 2009, pp. 405-416.

101. J.Vidhya e P.Dananjayan, Energy Efficient STBC -Encoded Cooperative MIMO Routing Scheme for Cluster Based Wireless Sensor Networks, International Journal of Communication Networks and Information Security (IJCNIS) 2 (3), 2010, pp. 216-223.

102. K.M. Yusof, J. Woods, S. Fitz, LFSSR: Localised Frequency Scanning Short Range Estimation for Wireless Sensor Networks, International Journal of Communication Networks and

Information Security (IJCNIS) 2 (3), 2010, pp. 207-215.

103. M K. Rasul et al, Securing Wireless Sensor Networks with An Efficient B+ TreeBased Key Management Scheme, International Journal of Communication Networks and Information Security (IJCNIS) 2 (3), 2010, pp. 162-168.

104. P. Kyasanur, N. Vaidya, Capacity of multi-channel wireless networks: Impacto do número de canais e interfaces. Em Proc. ACM MOBICOM, 2005.

105. M. Marina, S. R. Das, "A topology control approach for utilizing multiple channels in multi-radio wireless mesh networks," in 2nd International Conference on Broadband Networks, 2005, pp. 381-390.

106. S. Raman, A. Ganz, R. R. Mettu, "Fair bandwidth allocation framework for heterogeneous multi-radio wireless mesh networks," in Broadband Communications, Networks and Systems, 2007. BROADNETS 2007. Fourth International Conference on, 2007, pp. 898-907.

107. I. Mustapha, J. D. Jiya, B. U. Musa, Modelação e Análise do Protocolo MAC de Prevenção de Colisões em Redes Ad-Hoc Sem Fios Multi-Hop, International Journal of Communication Networks and Information Security (IJCNIS) 3 (1), 2011, pp. 48-56.

108. A. Hamed Mohsenian Rad, Vincent W.S. Wong, Joint Optimal Channel Assignment and Congestion Control for Multi-channel Wireless Mesh Networks, The International Journal of Computer and Telecommunications Networking, volume 53, número 14, setembro de 2009.

109. J. Leung, Handbook of scheduling: algorithms, models and performance analysis, Boca Raton, Fl, London: Chapman & Hall/CRC, 2004.

110. S. Wu, Y. Tseng, Wireless Ad Hoc Networking: personal-area, local-area and the sensory-area networks, publicações Auerbach, 2007.

111. V.C. Gungor, M.C. Vuran e O.B. Akan. On the cross-layer interactions between congestion and contention in wireless sensor and ator networks (Sobre as interações entre camadas entre congestionamento e contenção em redes de sensores e actores sem fios). Ad Hoc Networks, 5(6), ISSN 1570-8705, 2007, pp. 897-909.

112. S. Rangwala, R. Gummadi, R. Govindan e K. Psounis. Interference-aware fair rate control in wireless sensor networks (Controlo de taxa justa sensível às interferências em redes de sensores sem fios). In SIGCOMM '06: Proceedings of the 2006 conference on Applications, technologies, architectures, and protocols for computer communications, pages 63-74, New York, NY, USA, 2006. ACM. ISBN 1-59593-308-5.

113. J. Yick, B. Mukherjee e D. Ghosal, "Wireless sensor network survey," Computer Networks,

vol. 52, 2008, pp. 2292-2330.

114. P. De, A. Raniwala, S. Sharma e T. Chiueh, "MiNT: A miniaturized network testbed for mobile wireless research", em IEEE INFOCOM 2005, 13 de março de 2005 - 17 de março de 2005, pp. 2731-2742.

115. A. Willig. Redes de sensores sem fios: conceito, desafios e abordagens. Elektrotechnik und Informationstechnik, 123(6), 2006.

Printed by Books on Demand GmbH, Norderstedt / Germany